KB041951

HOW TO BUILD A DRAGON OR DIE TRYING

크리스퍼 드래곤 레시피

● ● ● ● ● ● ● 폴 뇌플러 · 줄리 뇌플러 지음 | 정지현 옮김 ● ● ● ● ● ● ●

HOW TO BUILD A DRAGON OR DIE TRYING

크리스퍼
드래곤 레시피

폴 뇌플러·줄리 뇌플러 지음 | 정지현 옮김

⚔ 유전자 가위 ·············· 3큰술 ⚔
⚔ 창의력 ·············· 2큰술 ⚔
⚔ 최첨단 과학 풍자 ·············· 1/2큰술 ⚔

책세상

✏ x 2   ✏ x 1   ✏ x 5   ✏ x 1   ✏ x 3   ✏ x 1

차례

우리 부녀(폴과 줄리)는 용 만드는 방법을 고민하면서 즐겁게 이 책을 썼지만, 책을 쓴다는 건 생각보다 더 힘든 일이었다. 생각을 고스란히 책에 담기까지 2년이 걸렸다. 이 책은 첨단 기술을 이용해 진짜 용을 만드는 방법을 알아보는 줄리의 학교 숙제에서 시작되었다. 줄리는 학회 논문이 아니라 중학교 숙제 수준에 맞게 접근하기로 했다. 제목은 '용 만들기 프로젝트: 재미 혹은 세계정복을 위해'였다. 다른 아이들은 '진흙, 베이킹소다, 식초, 그리고 노력으로 화산을 만들 수 있을까?'나 '코카콜라 vs 펩시콜라: 마지막엔 누가 이길까?' 같은 주제를 선택했다. 게다가 다른 아이들의 실험은 충분히 실행할 수 있고 전혀 위험하지도 않았다. 하지만 줄리는 어려운 도전을 해보고 싶었다고 했다.

줄리의 실험은 '이론'으로만 이루어질 예정이었는데, 과학 선생님이 그래도 괜찮다고 했다. 줄리는 아빠인 내 도움을 받아 '설명서'를 준비하고 모형도 만들었다. 그리고 발표일이 되었다. 당시 줄리는 눈앞이 캄캄했다고 한다. "저… 저는… 용 만드는 방법을 연구했습니다." 줄리의 '숙제 같지 않은 숙제' 발표가 끝나고 아이들은 어안이 벙벙한 표정이었다고 한다. 하지만 다행히 선생님이 열린 마음으로 받아줘서 문제는 없었다.

줄리의 과학 숙제가 끝나고 우리는 용 만들기 프로젝트를 위해 어떤 과학과 기술이 필요한지 이야기를 나누기 시작했다. UC 데이비스(캘리포니아대학교 데이비스캠퍼스)의 뇌플러 연구실 Knoepfler Lab에서는 줄기세포와 크리스퍼 유전자 편집을 비롯한 여러 기술을 사용한다. 물론 용을 만드는 데 쓰는 것은 아니다. 연구실의 목표는 줄기세포 치료법의 안전성을 높여 어린이 암 환자를 위한 치료법을 개선하는 것이다.

우리 부녀는 산책하거나 저녁을 만들면서 대화를 나누다 '이게 학교 숙제가 아니었다면 어땠을까?'라는 생각을 하게 되었다. 그리고 우리는 용을 만드는 방법에 관한 책을 함께 써보자고 결심했다.

진짜 용을 만든다고? 말도 안 된다는 생각부터 들 것이다. 이 책은 사람들이 과학 기술의 힘을 너무 과장해 받아들이는 경향을 풍자한다. 이 책에 나오는 극단적인 생각은 의도적으로 포함한 것이니, 이 점을 꼭 기억하고 읽어주었으면 좋겠다. 이 책이 과학을 좀 더 차분한 시선으로 바라보게 해주기를 바란다.

용을 만드는 위험천만하고 정신 나간 방법을 떠들어대는 것이 무책임하다고 비난할 사람들도 있을 것이다. "생각이 있어

없어?"라고 소리칠지도 모르겠다. 우리가 과학을 더 과장해 말한다고 비판하는 사람도 있을지 모른다. 충분히 예상한 일이다. 그래서 부제에 '최첨단 과학 풍자'를 넣었다.

우리가 소심하지 않아서 다행이다(용도 그럴까?). 책을 쓰기 전에 서로 아이디어를 교환하는 단계에서, 나중에 우리가 쓴 책을 읽고 정말로 용을 만들어보겠다는 사람이 생기면 어쩌나 싶었다. 분명히 그 실험은 재앙으로 이어질 것이고 우리 책이 의도치 않게 사람들을 부추긴 셈이 될 테니까. 제발 그런 일은 일어나지 않길 바란다. 우리는 이 책을 쓰면서 정말로 용을 만들려면 윤리적 딜레마가 생길 수밖에 없다는 사실을 실감했다. 결국 용은 괴물이 아닌가. 이 과정에서 생길 수 있는 논점이 너무 많아서 한 장을 할애했다. 부디 8장을 진지하게 읽어주었으면 한다. 8장 집필에 많은 조언과 피드백을 해준 UC 데이비스의 마크 야보로 박사에게 감사를 전한다.

자료를 모으고 집필하는 과정에서 우리보다도 먼저 용이나 용처럼 생긴 동물을 만드는 방법을 생각해본 사람들이 있음을 알게 되었다. 그들의 글에서 유용한 정보를 참고할 수 있었다. 따로 출처를 표시했지만, 이 자리를 빌려 감사의 마음을 전한다. 원고를 훌륭하게 다듬어준 편집자 제인 알프레드와 월드 사이언티픽 출판사의 편집자 유가라니에게 감사를 전한다. 초고를 읽고 의견을 보태준 앵카 뇌플러와 댄 뇌플러에게도 고맙다.

이 책은 경고의 의미기도 하다. 용 만들기 프로젝트는 아직 실제로 진행된 적이 없지만 크리스퍼 유전자 편집 같은 기술로 완전히 새로운 유기체를 만드는 작업이 큰 관심을 끌고 있다. 일명 '바이오 해커'들은 말에 그치지 않고 시도까지 하고 있다. 바로 지금 말이다. 앞으로 수십 년 안에 정말로 용 만들기 프로젝트가 시행될지도 모른다. 용보다 훨씬 간단한 유니콘 같은 신화 속 동물(7장 참고)도 마찬가지다.

용을 만드는 일이 불가능하고 그걸 실제로 시도하는 사람은 없더라도, 무엇이든 새로운 생명체를 만들려는 시도가 있다면 그건 세상에 부정적인 변화를 가져올지도 모른다. 어둠 속에서 빛을 내며 새를 잡아먹는 거대 잠자리가 나온다면? 육지에서도 살 수 있는 물고기가 만들어진다면? 커다란 다리 근육으로 20미터를 점프하는 개구리는? 상상하자면 끝이 없다.

여러분이 이 책을 재미있게 읽고 새로운 지식도 많이 얻기를 바란다. 과학적 상상력이 깨어났으면 좋겠다. 이 책을 읽고 과학자의 꿈을 키우는 사람이 나오기를 바란다.

1장

누구나 한번쯤은 애완, 용,을 꿈꾼다

So, you want a dragon?

용을 이베이에서 살 수 있다면

수천 년 전부터 인간은 용에 매료되었다. 용을 한 번쯤 보고 싶지 않은 사람이 있을까? 아니, 그보다도 용을 갖고 싶은 바람이 인간을 더욱 강렬하게 사로잡았다. 용을 갖는 상상을 해본 적이 있는가? 우리는 해보았다. 하지만 보통 용을 갖는다는 것은 불가능하다고 여긴다. 이 책은 그러한 가정을 반박하고 나만의 용을 어떻게 만들 수 있는지 설명한다.

아니 그 전에, 도대체 왜 힘들게 용을 만들어야 한단 말인가? 그냥 어딘가에서 찾아 데려오면 안 될까? 이베이^{ebay}에서 용의 알을 살 수는 없을까? 아니면 누군가가 만들어 선물로 줄 때까지 기다리면? 안타깝지만 전부 불가능하다.

하지만 용을 꼭 갖고 싶으니 직접 만들어야겠다. 많은 수고가 따를 테지만 이는 평생에 한 번 있을까 말까 한 모험이기도 하다. 우리는 멋지고 흥미로운 최첨단 기술을 합쳐서 용 만드는 상상을 하는 것만으로 무척 즐거웠다. 분명 힘들고 대단히 위험한 일이겠지만 매우 기대된다.

용을 만들려면 다양한 생물체에 대한 새로운 정보를 익혀야 한다. 실제로 용은 아니지만 나름대로 놀라운 특징을 지닌 동물들에 관한 정보 말이다.

이를테면 폭탄먼지벌레가 있다. 폭탄먼지벌레는 위험을 감지하면 엉덩이에서 끓는 점에 가까운 뜨거운 화학물질을 발사한다. 우리는 이 녀석들을 보면서 어떻게 불을 뿜는 용을 만들 수 있을지 고민하게 되었다.

전기발생세포라는 멋진 세포를 가진 전기뱀장어도 있다. 전기뱀장어는 전기로 다른 생물에 충격을 가한다. 전기 시스템을 이용해 일종의 레이더망처럼 주변 환경을 감지하기도 한다. 전기뱀장어는 용이 불꽃만이 아니라 전기를 이용해 불을 뿜어내게도 만들 수 있지 않을까 생각해보게 해주었다.

그뿐인가? 곤충, 새, 박쥐 같은 생명체가 날 수 있다는 사실은 정말 놀랍다. 인간은 비행기나 제트팩jetpack 같은 '편법'을 써야만 날 수 있는데 말이다. 더욱 놀라운 사실은 지금은 멸종되었지만 한때 프테라노돈을 비롯해 하늘을 날아다니는 거대하고 육중한 동물이 실제로 존재했다는 것이다. 프테라노돈은 우리가 상상하는 용과 크기가 비슷하다. 과학자들에 의하면 녀석들은 생김새도 용과 비슷했다.

우리는 그렇게 얻은 새로운 정보를 통해 오늘날 살아있는 동물들이 진화를 통해 매우 다양하고 막강한 '기술'을 보유하고 있으며, 그 기술을 활용하면 실제로 용을 만들 수 있다는 사실을 깨달았다.

오늘날 가장 커다란 과학 혁명은 '크리스퍼 카스9 유전자 편집'이라고 하는데, 이것은 가장 작은 생명체인 박테리아에서 비롯했다. 어떤 박테리아는 '일정한 간격으로 반복되는 염기서열clustered regularly-interspaced short palindromic repeats(그냥 간단히 크리스퍼CRISPR라고 한다)'을 일종의 면역 시스템으로 활용해 바이러스 감염을 막는다.

박테리아는 내부로 침범한 바이러스의 DNA를 크리스퍼 시스템으로 잘라내는데, 연구자들은 똑똑한 크리스퍼 시스템을 세포의 유전자나 유기체에 정밀한 변이를 일으키는 데 활용했다. 과학 시간에 배운 내용을 기억한다면 DNA가 '염기'라는 아데닌(A), 시토신(C), 구아닌(G), 티민(T)의 네 단위로 이루어진다는 것을 알 것이다. 크리스퍼는 간단한 변화를 주는데에도 활용할 수 있다. 이를테면 모든 생물체의 세포 DNA 코드에서 C를 T로 바꿀 수 있다. 또는 수백 개, 수천 개의 염기에 해당하는 조금 더 넓은 영역을 변화시켜 유전자의 기능을 맞춤화할 수도 있다.

우리는 용 만드는 계획을 세우고 이 책을 쓰는 동안 이미 자연에 존재하는 놀라운 과학에 감탄했지만, 커다란 재앙이 일어날 수 있다는 사실도 깨달았다. 용을 만들다가 우리가 정말 죽을 수도 있다! 앞으로 용 만드는 과정을 설명하면서 놀랍고 멋진 부분뿐만 아니라 목숨이 위험할 수 있다는 사실도 놓치지 않고 짚어줄 예정이다.

용 만드는 과정에서 닥칠 수 있는 온갖 괴상한 죽음을 생각하면 재미있기도 하다. 아무래도 용이 내뿜는 불꽃에 타죽거나, 용을 타고 나는 법을 연습하다 떨어져 죽을 가능성이 가장 클 것이다. 짜증 난 용이 두 가지 방법 모두로 우리를 죽일 수도 있고. 공중에서 떨어뜨린 후 곧바로 불꽃을 뿜겠지. 정말 멋진 상상이 아닌가?

어느 시점에서든 문제가 발생하면 우리 인간은 너무나 끔찍하고 우스꽝스러운 죽음을 맞이할 것이다. 예를 들어, 용이 불을 뿜는 데 쓸 가연성 가스에 불을 붙이지 못해 방귀를 뀌거나 트림을 하는 바람에 죽는다고 상상해보라. 우리는 용이 정말 멋지지만 목숨을 앗아갈 가능성도 염두에 두고 글을 썼다. 나름 유머 감각도 잊지 않으려고 했다.

이 책에서 소개하는 계획대로 용을 만들다가 〈쥬라기 공원〉 같은 대참사가 일어날 수 있다. 그 시도가 다른 사람들에게 꼭 긍정적이지만은 않은 영향을 끼칠 수도 있다. 용 한 쌍을 만들면 가상 시나리오가 진짜 재앙으로 이어질 가능성이 커진다. 금슬 좋은 용 커플이 2세를 쑥쑥 낳을 테니 말이다. 하지만 좋게 보면 한 쌍의 용은 우리의 '발명품'을 지속시키는 가장 좋은 방법이다. 물론 세상에 위험할 수도 있지만 우리는 한번 해보기로 했다.

그럼… 어디서부터 시작해야 할까?

용이냐 알이냐

최근에 용을 목격했다는 믿을 만한 소식은 들려오지 않는다. 따라서 살아 숨 쉬는 용을 포획한다는 것은 별로 좋은 계획이 아니다. 용이 실제로 존재한다 해도 용을 잡는 것은 거의 불가능하다. 용을 잡으려다 죽을 수 있다. 어찌어찌 잡는 데 성공해도 그 순간 우리는 용의 원수가 된다. 당신은 용과 싸우고 싶은가? 우리는 싫다.

마찬가지로 용의 알도 구하기 어렵다. 미국 판타지 드라마 〈왕좌의 게임〉의 캐릭터 대너리스 타르가르옌은 결혼 선물로 용의 알 3개를 받는데, 알에서 진짜 용이 태어난다. 하지만 현실에서는 용의 알을 선물 받을 일도, 길가에 놓고 부화시킬 일도 없다. 하지만 우리는 이 책을 위한 자료를 모을 때 "희귀한 익룡翼龍 알 발견. 고생물학자들 잔뜩 기대"라는 《네이처》지[1]의 오래된 기사를 보고 잠깐 흥분했다. 물론 익룡 알은 안타깝게도 화석일 뿐이었다.

슈퍼마켓에서 쉽게 달걀을 구하듯 신선한 익룡 알 한 판을 기대한다면 잘못일까? 익룡 알을 부화기에 넣고 한 쌍을 탄생시켜 크리스퍼 같은 흥미로운 유전자 편집 기술로 불을 뿜게 할 수 있다면 얼마나 좋을까. 그러면 용과 무척 비슷한 동물을 만들었을 텐데.

세상에 용을 만드는 사람이 없으니 돈을 주고 살 수도 없다.

적어도 공개적으로는 그렇다. 용 만드는 기술은 발명에 돈이 많이 드는 기술이기도 하다. 훔치기도 어렵고. 훔치기 같은 비도덕적인 이야기가 나와서 말인데, 용 만들기 프로젝트에 대한 문제 제기와 윤리적 딜레마를 다루는 마지막 8장에서 인간성을 거스르지 않는 방법에 관해 이야기할 것이다. 부정직한 투자자들에게 넘어가지 않고 정직하게 연구 자금을 얻는 방법도 이야기할 것이다.

우리는 용이 돈벌이 수단이 아니라 친구나 가족 같은 존재가 되기를 바란다. 용이 태어나는 순간부터 함께한다면 쉬울 테다. 애니메이션 〈드래곤 길들이기〉 시리즈를 본 적이 있는가? 본 사람은 알겠지만 이 영화에는 기발한 반전이 있다. 주인공 히컵은 용을 사냥하는 드래곤 슬레이어지만 겁이 많아 그러지 못한다. 그러던 중 어떤 용을 만나고 그와 유대감이 싹트면서 친구가 된다. 시간이 지날수록 용은 히컵의 용이 되고 '투슬리스'라는 이름도 얻는다. 어떻게 그럴 수 있었을까?

히컵은 꼬리 날개를 다친 투슬리스를 발견하고 맥가이버처럼 뚝딱* 고쳐준다. 시간이 지날수록 투슬리스와 히컵은 서로에게 가족 같은 존재가 된다. 투슬리스는 실제로 이빨이 많지만 잇몸 안에 넣어두고 필요할 때만 꺼내 쓴다. 이를 본 히컵은 '이빨이 없다'는 뜻의 '투슬리스toothless'라는 이름을 붙여준다.

*   https://en.oxforddictionaries.com/definition/macgyver

우리 용에게도 이런 이빨을 만들어줄 수 있겠다. 하지만 이빨에 특별한 옵션을 넣을지는 정하지 않았다. 이것 말고도 어려운 문제가 산더미처럼 많으니까. 그래도 멋진 송곳니는 당연히 있어야 한다. 독니라면 더 좋겠다.

여담으로 익룡류에 속하는 '프테라노돈Pteranodon'은 '이빨 없는 날개'라는 뜻이다. 〈드래곤 길들이기〉 제작진이 그 의미를 알고 '투슬리스'라는 이름을 붙였는지는 의문이다.

우리는 용을 만들고 키우면서 히컵과 투슬리스처럼 가족 같은 관계가 되기를 바란다. 용이 우리를 긍정적으로 생각하고 긴밀한 유대감이 싹터야 한다. 하지만 자라서 부모를 '좋아하지' 않는 자식도 있다. 게다가 우리 용은 투슬리스와 달리 진짜 용이므로 상처를 치료해주면서 유대감을 쌓을 수도 없는 노릇이다. 투슬리스를 복제할 수만 있다면 좋을 텐데 말이다. 어쨌든 중요한 사실은 우리가 히컵이나 대너리스와 달리 용이나 용의 알을 구할 수 없다는 것이다.

다시 현실로 돌아가자. 위험은 따르겠지만 우리가 직접 용을 만들어야 한다. 한 쌍 혹은 여러 마리면 더 좋다. 첨단 유전체학, 크리스퍼 유전자 편집, 생체공학, 줄기세포 기술에 기발한 아이디어와 운을 더하면 못할 것도 없다.

용을 만들다 죽거나 체포되거나 CIA(그 밖의 첩보기관들, 군대, 혹은 그냥 일반인)에게 용을 도둑맞을 수도 있다. 우여곡절 끝에 용을 만들었는데 갑자기 난폭해져 우리를 공격해 목숨을 잃게 될지도 모른다. 정말 재미있을 것 같지 않은가?

성공한다면 위험을 무릅쓴 가치가 있을 것이다. 우리는 용 만들기가 정말 멋진 프로젝트라고 생각한다.

아니 근데 용이 뭐야?

용을 만들기 전에 이 질문을 먼저 해야 한다. '도대체 용이란 무엇인가?'

용 혹은 용과 비슷한 생명체는 거의 모든 신화에 등장한다. 수천 년 전부터 전해진 신화도 있다. 보통 영화에 나오거나 우리가 머릿속으로 그리는 용은 '유럽식' 용이다. 유럽식 용은 입에서 불을 내뿜고 날개가 달렸으며 하늘을 난다. 비늘이 있고 날아다니지 않을 때는 주로 육지에서 시간을 보내며, 대부분 사악하다(우리는 사악함을 없애 우리에게 호의적인 쪽으로 만들고 싶지만 확실한 방법은 모른다). 여러 문화에서 용은 뱀과 비슷하게 생겼지만 할리우드 스타일의 용과 비슷하기도 하다. 사악하지 않은 경우도 많다.

용의 연구를 어디에서 시작하면 좋을까? 우리는 문명의 요람인 메소포타미아에서 시작하기로 했다.

중동과 아프리카

지금의 중동 지역에는 고대에 메소포타미아라는 지역이 있었다(대부분 오늘날의 이라크에 속한다). 이 지역의 남쪽에 수메르 문명이 나타났다. 메소포타미아와 수메르 사람들은 용처럼 생긴 다양한 생명체를 믿었다. 이들은 뱀처럼 생기기도 했고, 새나 사자의 모습을 하기도 했다. 고대 기록을 보면 이것들이 합쳐진 경우도 있었는데, 정확히 사자용lion-dragon이라고 쓰여 있다.* 어쨌든 용은 대부분 엄청난 힘을 가지고 있었다.

　고대의 용은 오늘날의 용과 비슷한 점도 있지만 독특한 특징도 많았다. 오늘날의 용은 불을 뿜지만 고대의 용은 폭풍우를 내뿜었다. 용을 만들 때 활용하기에 딱 좋은 아이디어가 아닌가(그냥 불을 뿜는 용으로 만들 가능성이 크지만). 고대에는 이 용들이 폭풍우를 일으킨다고 여겼다. 고대 이집트에도 아페프apep라는 특별한 '용'이 있었다. 독사 같은 이 '용'은 메소포타미아의 용처럼 폭풍우를 내뿜을 뿐 아니라 지진이나 일식 같은 현상도 일으켰다고 한다.** 다른 중동 문화권에도 용과 비슷한 생명체가 있었다.

아시아

아시아에서도 용처럼 생긴 생명체가 폭풍우를 일으킨다고 전해진다. 부탄과 티베트의 신화에 나오는 천둥을 부리는 뱀 드

---

* 　http://oracc.museum.upenn.edu/amgg/listofdeities/ikur/
** 　http://allaboutdragons.com/dragons/Apep

루크druk는 지금도 잘 알려져 있다. 생김새가 용과 닮아 대체로 용이라고 간주된다. 실제로 몇백 년 전부터 부탄은 '드루크 율 druk yul' 혹은 '천둥용의 땅'이라는 이름으로 불렸다. 오늘날 부탄 국기에도 드루크가 그려져 있다.*

고대 힌두교 문헌에서는 상황이 완전히 달라진다. 커다란 뱀처럼 생긴 브리트라vritra라는 용이 폭풍우가 아닌 가뭄을 일으킨다. 물을 전부 집어삼켜 가뭄을 일으킨다는 것이다.** 브리트라는 힌두교 신화에 나오는 신들의 왕 인드라indra가 무찌른 수많은 적 가운데 하나이기도 하다.***

일본, 중국, 한국 문화에서 수천 년 동안 용이 중요한 부분을 차지해왔다. 일본의 용은 물의 신으로 날개가 없고 강과 호수 근처에 살았다(그림1.1). 중국의 용도 날개가 없는데, 이는 비와 관련이 있다. 인도의 용 브리트라와도 비슷하다. 중국의 일부 지역에서는 가뭄으로 흉년이 들면 용 때문이라고 여겼고 제물을 바치면 비가 내린다고 믿었다.

일부 유럽 지역에서는 용을 사악한 괴물로 여겼지만 아시아에서는 용이 숭배의 대상이었던 듯하다. 실제로 몇몇 중국 황제는 자신을 신성한 용의 환생이라 주장했으며 용은 왕족과 신을 의미했다.

*   http://allaboutdragons.com/dragons/Druk
**   http://allaboutdragons.com/dragons/Vritra
***   https://www.britannica.com/topic/Indraref942544

그림 1.1 모란꽃과 함께 수놓은 일본의 용. 날개도 없고 불을 뿜지도 않지만 다리가 4개인 점에 주목하자.

중국의 여러 마을에서는 추수철에 천과 종이로 (어른 세 명의 키만 한) 기다란 용을 만들어 비를 기원하며 춤을 췄다. 용선제 dragon boat festival가 열리는 마을도 많았다. 지금도 용은 중국 문화에 중요한 존재로 남아있으며, 중국 십이지신의 다섯 번째 동물이기도 하다. 중국에서 용의 해에 태어난 사람은 강하고 용감하고 혁신적이라고 생각한다. 오늘날 중국의 다양한 행사에도 용이 등장한다.

고대 유럽과 동유럽

그리스와 로마 신화에도 용을 떠올리게 하는 뱀처럼 생긴 괴물이 다수 등장한다. 그것들은 전부 날개가 없고 축축하며 사악하다. 그리스 신화에 처음 등장하는 용은 푸른색의 드라콘이다. 드라콘은 유명한 그리스 왕 아가멤논의 갑옷을 장식했다. 아가멤논은 트로이 전쟁에서 그리스 군대를 지휘했고 호메로스의 시 〈일리아드〉와 브래드 피트가 주연한 영화 〈트로이〉에도 나온다.

드라콘이라…. 어딘가 익숙하지 않은가? 우리는 역사학자가 아니기에 뭔가를 놓쳤을 수도 있지만 드라콘은 뱀처럼 생긴 괴물로서 용(드래곤)과 비슷한 이름으로 불린 첫 사례였다. 즈메이zmey 혹은 즈메우zmeu라는 것도 있다. 슬라브 신화에 나오는 머리 3개 달린 커다란 뱀인데, 유황 가스와 불을 내뿜는다. 이들은 우리가 찾는 불을 내뿜는 용과 비슷하고 우리가 생각하는 용의 모습과도 가깝다.

중앙유럽과 서유럽

용 신화는 중앙유럽과 서유럽에도 흔하다. 이 지역의 용은 날개가 달렸고 불을 뿜으며 물론 사악하다. 용이 가장 먼저 언급된 곳은 북유럽 신화인 듯하다. 북유럽 최초의 용 니드호그nidhogg는 세상의 모든 것을 지탱하는 세계수*의 뿌리를 씹어 먹는다. 무척 흥미로운 이야기다. 토르도 거대한 용과 싸웠다. 신이나 영웅이 용과 싸워 더욱 용감무쌍해진다는 것은 세계 여러 지역에서 통용되는 주제다.

가장 유명한 신화는 '성 조지(게오르기우스)와 용 신화'다
(그림 1.2).** 이 신화는 여러 버전이 있다. 한 신화에서는 용이 리
비아의 왕국에 계속 위협을 가하다가 젊은 양치기를 죽이기까
지 했다. 사람들은 용을 진정시키려고 매일 염소를 두 마리씩
바쳤지만, 머지않아 용은 한술 더 떠서 아이를 바치라고 요구
했다. 결국 아이라고는 왕의 딸밖에 남지 않게 되었다. 신부 드
레스를 입은 공주는 용이 사는 호수 근처의 바위에 묶여있었
다. 하지만 잡아먹히기 전에 기사 성 조지가 용을 죽이고 구해주었
다. 비록 용과 관계가 없더라도 이렇게 착한 남자가 괴물이나
나쁜 인간으로부터 공주를 구하는 것은 오늘날까지도 영화 같
은 예술에 스며든 전형적인 클리셰다.

명성을 얻거나 성인이 되기 전에 용을 죽인 것은 그의 이미
지를 높이는 큰 역할을 했다(요즘이라면 트위터에서 한바탕 난리가
났을 것이다). 12세기에 조지의 영웅적인 위업이 리처드 3세의
귀에 들어갔다. 이는 왕이 성 에드워드 대신 조지를 잉글랜드
(당시 앵글리아anglia)의 새로운 수호성인으로 선택한 중요한 이유
가 됐다.***

---

*   https://mythology.net/norse/norse-creatures/nidhogg/
**   http://www.bbc.co.uk/religion/religions/christianity/saints/george_1.shtml
*** https://www.historic-uk.com/HistoryUK/HistoryofEngland/Edmund-original-
     Patron-Saint-of-England/

그림 1.2 '용'을 죽이는 성 조지. 적어도 이 그림에서는 용이 놀라울 정도로 작고 불도 뿜지 못할 것 같지만 날개가 있다(날기에는 너무 작지만).

물론 우리가 용을 만든다고 성인으로 추대될 일은 없다.

그림 1.2 에서 성 조지와 싸우는 용은 놀라울 정도로 작고 불을 뿜는 듯한 기색도 보이지 않는다. 성 조지에 관한 이야기에서 용의 무기는 불이 아니라 독이었다(입 냄새가 얼마나 고약했을까!). 와이번wyvern(날개가 있고 다리가 2개인 용)은 무엇보다 악의 상징이었다.

유럽에서 가장 보편적인 용 신화는 사람들이 용에 소 같은 가축을 바쳤다는 것이다. 인간이 식량을 바치지 못하면 화가 난 용이 근처 마을로 쳐들어가 사람들을 잡아먹었다는 것이다. 그래서 우리는 용에게 무엇을 먹여야 할지도 생각해보았다(뒤에서 자세히 이야기하자). 용이 돌변해 가축이나 사람을 잡아먹는 일은 없어야 할 테니 말이다.

용의 역사

그렇다면 우리가 이 조사에서 알게된 것은 무엇인가? 우선 역사적 관점에서 공통 주제를 찾아냈다. 용 만들기 프로젝트에서도 이 주제를 염두했다.

1. 신화에 나오는 용은 거의 전부 뱀을 닮았고, 강과 바다 등 물과 관련 있거나 비를 내린다.
2. 유럽에는 머리가 셋 달린 용이 많지만, 왜 그런지 머리가 2개나 4개인 용은 없다. 머리가 매우 많은 용도 있다.
3. 중동, 원시 인도, 남아시아의 용은 보통 불보다는 천둥, 폭풍우 혹은 가뭄과 관련이 있으며, 여기에 종종 번개가 섞이기도 한다.
4. 불과 관련 있는 것은 유럽식 용뿐이고, 서양의 용은 주로 날개를 갖고 있다.
5. 유럽에서 용은 인간이 식량이나 제물을 바쳐야 하는 사악한

존재로 여겨지지만, 아시아 지역에서는 강력하고 지혜로운 존재로 숭배받는다.

우리는 미국인이고 거의 유럽 혈통이다. 또한 주로 서양 미디어를 접한다. 그래서 우리가 아는 용의 개념은 서양 문화에 제한되어 있으며, 이 책에서도 '서양식' 용에 초점을 맞춘다. 하지만 이것이 더 위험한 접근법일지도 모른다. 아시아 용이 비교적 만들기가 쉬울 테니까. 불도 날개도 없으니 신경쓸 것이 적다. 비록 많은 지역에서 용을 커다란 물뱀신神으로 생각하지만 우리가 만들고 싶은 것은 하늘을 날고 불을 뿜는 도마뱀이다.

이런 이유에서 우리가 만드는 용은 전형적인 유럽식 용이 될 것이다. 그래도 다른 지역에서 용을 어떤 모습으로 상상하는지 알게 된 것은 고무적이다. 용 만드는 방법에 익숙해지면 다른 문화권의 용도 만들어볼 수 있을지 모른다. 한 걸음 더 나아가 용 말고 유니콘 같은 다른 신화 속 동물 만들기에 도전할 수도 있다. 이 이야기는 7장에서 해보자.

용의 역사를 살펴보면서 굳이 유럽인의 생각만 따를 게 아니라 창의성을 발휘해 용을 만들어도 된다는 점을 알게 됐다. '불 뿜기' 같은 힘든 장벽에 부딪히면, 불을 뿜지 않는 아시아의 용으로 방향을 바꿔도 괜찮을 것이다.

용이 왜 필요한가용?

이렇게 열심히 사전 조사를 했지만, 아직도 의아한 독자가 있을 것이다. "도대체 왜 용을 만들려고 하지?" 이유는 많다. 나만의 용을 갖는 것보다 일상에서 스릴 넘치는 일이 있을까?

용이 엄청나게 크면 그냥 데리고 다닐 뿐만 아니라 용을 타고 전 세계를 날아다닐 수도 있다. 드라마 〈왕좌의 게임〉에 나오는 대너리스처럼 용의 등에 타고 상상의 땅 웨스테로스뿐만 아니라 전 세계 어디로든 멋진 여행을 떠날 수 있다(런던, 라스베이거스, 방콕, 요하네스버그 등).

회의론자들은 이렇게 말할지도 모른다. "용을 어디에 주차하고 어디에서 안전하게 시간을 보내지?" 그런 문제는 용을 만든 다음에 고민하기로 했다. 물론 그때까지 우리가 살아있어야겠지만 말이다.

진짜 용을 만들면 창조자이자 '주인'으로서 우리가 누릴 혜택도 있다. 여러분도 용을 만들거나 우리에게 용을 산다면 이 혜택을 누릴 수 있다. 물론 돈을 바라고 용을 만드는 것은 아니므로 수익은 기부할 것이다. 하지만 용 같은 생명체를 소유한다고 상상하기란 쉽지 않다. 용이 구속당하는 것을 좋아하지 않으면 무슨 짓을 할지 모른다. 그렇다면 과연 용을 가져서 좋은 점이 무엇일까?

계획에 있는 일은 아니지만 이론상으로 우리의 맞춤 제작 용은 (여러분이 만드는 용도) 적을 불살라버리거나 적어도 잔뜩 겁을 줄 수 있다. 나에게 돌진하는 트럭이나 야생 멧돼지를 용이 단 한 번의 입김만으로 잿더미로 만들어준다면 천군만마를 얻은 것 같지 않을까?

사람들이 신기하고 경이로운 표정으로 쳐다볼 것이다. 우린 아니지만 이런 상상을 하는 사람이 있을 것이다. 하지만 이 같은 과대망상이나 불필요한 폭력이 아니더라도 용은 분명히 푸들이나 고양이, 앵무새보다 훨씬 더 흥미로운 반려동물이 될 것이다.

용이 한 마리 탄생하면 차츰 무리를 이룰 것이다. 인간에게 위협적이지 않는 용의 무리를 만드는 데 성공한다면 용 떼를 뭐라고 불러야 할까? 앤 맥카프리의 소설에 나오는 허구의 세계 '퍼언pern'에서는 용 떼와 용기사들을 '위어weyr'라고 부른다. 하지만 솔직히 별로 흥미진진한 이름은 아니다. 용 떼에는 '까마귀 떼'를 뜻하는 '머더murder'가 더 적합하다. 왠지 이 단어가 용에게 잘 어울린다.

용 만드는 방법을 터득하면 용 떼를 만들 수 있다. 실험실에서 한 마리씩 따로 만들기보다 생식 능력을 갖춘 한 쌍을 만들어 새끼를 낳게 하는 방법이 더 효과적이다. 6장에서 살펴보겠지만 용을 복제하는 방법도 있다.

어떤 방법을 쓰건 새끼 용을 드래곤링dragonling, 해츨링hatchling, 드래곤릿dragonlet 같은 귀여운 단어로 부를 수 있다. 갓 태어났을 때는 분명 귀여울 것이다. 조금씩 자라 이웃집 마당의 수탉을 공격하고(불로 구워 저녁거리로 삼고) 더 끔찍하게는 이웃이나 우리를 잡아먹으려고 한다면 말이 달라지겠지만.

일단 한 마리든 여러 마리든 여러분이 용을 만드는 데 성공하면 토니 스타크가, 아니 현실의 일론 머스크가 친하게 지내자고 연락할지도 모른다. 테일러 스위프트가 파리까지 태워다 달라고 하거나 헤어진 남자친구(들)에게 복수해달라고 부탁할 수도 있다.

빌 게이츠가 갑자기 저녁을 먹자고 할지도 모른다. 세계적인 첨단 기술 분야의 선도자가 여러분의 용 만드는 방법을 듣고 싶어할 수 있다. 더 많은 용을 만들 수 있는 널찍한 공간과 예산을 갖춘 연구소를 지원해주는 문제를 상의하고 싶어 할지도 모른다. 다니엘 래드클리프에게 전화가 올 수도 있다. 〈해리 포터〉 시리즈를 찍던 시절의 추억을 되새겨 실제로 용을 타고 환상의 여행을 떠나고 싶다면서 말이다. 이 모든 것이 그저 우리의 꿈일 수도 있지만….

사람들에게 용은 마법처럼 신비한 존재라는 이미지가 있다. 상상의 매력적인 동물이 아니라 불을 내뿜는 살아있는 동물이라도 말이다. 우리(혹은 여러분)처럼 용 만들기 프로젝트를 성공시킨다면, 세상에서 가장 멋있고 가장 뜨거운 애완동물을 가진 사람이 될 수 있다. 하지만 용은 단순한 애완동물이 아니다. 용과 사이좋게 지내야 한다. 용이 사람을 마구 죽이고 다니거나 너무 위험해서 제거당하는 일은 없어야 하니까. 우리는 용이 세계적으로 인기를 끌었다가 결국 멸종시켜야 하는 존재가 되기를 바라지 않는다. 따라서 신화에 나오는 사악한 용은 아무런 도움도 되지 않을 것이다.

이 프로젝트가 성공하려면, 즉 우리가 용에게 목숨을 잃거나 용이 멸종하지 않으려면, 용은 온순한 성격을 지녀야 하고 미쳐 날뛰지 않아야 한다. 성질이 너무 못나선 안 된다. 미친 듯 날뛰며 이웃집 가족을 통구이로 만드는 일이 생겨서는 안 된다. 불꽃 날카로운 발톱과 이빨로 주인과 뉴욕에 사는 모두를 공격해서도 안 된다. 우리는 고질라나 킹콩 같은 사태가 벌어지기를 바라지 않는다. 군사적 대응을 일으켜도 안 된다. 그렇지 않으면 용 만들기 대모험은 대재앙으로 변할 수 있다. 하지만 용이 평화를 사랑하는 채식주의자이기를 바라지도 않는다.

용이 용다워야 용이지

너무 앞서가는 것인지도 모른다. 우리는 용을 갖고 싶고 그 이유가 수없이 많지만 잠깐 한걸음 뒤로 물러나 보자. 우리가 만들 용은 어떻게 생겼을까? 구체적으로 어떤 특징을 가진 용이 좋을까? 아니, 애초에 용을 어떻게 만들 것인가?

세포를 이용한 생체공학이나 3D 프린터를 사용해 아예 처음부터 만들지 않는다면 어떤 동물을 출발점으로 활용할 수 있을까? 그러려면 3D 프린터가 엄청나게 커야 할 것이다. 그렇지 않으면 용을 조각조각 따로 뽑아 합쳐야 하는데 용 같은 생물학적 대상에 맞지 않는 방법이다(로봇이 아니니까).

우선 우리는 전 세계 다양한 문화권의 사람들이 '용'이라고 생각할 수 있는 생김새와 행동 특징을 가진 용을 원한다. 사람들이 머리를 긁적이며 "저게 대체 무슨 동물이람?"이라고 의아해하기를 바라지 않는다. 용을 다른 시시한 동물과 착각하는 일도 없어야 한다. 이런 말은 듣고 싶지 않다. "저 날아다니는 악어는 대체 뭐야?", "하늘에 저 괴상하게 생긴 작은 도마뱀은 뭐지? 연인가?" 우리는 사람들이 보자마자 "용이다!"라고 소리칠 수 있는 용을 원한다. 물론 목소리가 나온다면 말이지만. 그다음에는 비명을 지르고 도망치거나 몸이 돌처럼 굳어 감탄과 경이로움으로 바라볼 것이다.

너무 큰 기대일까? 사람들이 용을 보고 강렬한 반응을 보이지 않으면 실패한 것이다. 다시 말하자면 파충류 같은 생김새만으로는 충분하지 않다. 누가 보기에도 용이라고 할 만한 특징이 분명해야 한다.

이 동물들 중 하나를 데려가렴

딱 봐도 용처럼 보이게 만들려면 출발점에서 똑똑하게 선택해야 한다. 용과 생김새가 닮거나 비슷한 특징을 지닌 현존하는

그림 1.3 린차섬에 사는 코모도. 뒤쪽에 있는 사진작가와 비교하면 얼마나 큰지 알 수 있다.

동물 혹은 여러 동물의 조합을 활용하는 것이 좋겠다.

세계의 여러 지역에는 용과 닮은 생명체가 존재한다. 실제로 이름에 토착어로 '드래곤'이 들어가는 것도 있다. 그 생물들은 용 만들기의 출발점에 매우 다양한 선택권을 제공한다. 하지만 가장 먼저 떠오르는 두 가지는 재미있게도 서로 매우 다르다. 첫 번째는 작은 날도마뱀draco lizard이고(여기에 속하는 말레이날도마뱀draco volans은 이름이 정말 멋지다) 두 번째는 크고 치명적인 코모도왕도마뱀komodo dragon(학명은 Varanus komodoensis. '코모도'라고도 한다)이다. **그림 1.3**은 코모도의 모습이다. 사진작가가 뒤쪽에 약간 떨어져 있는데도 녀석들이 얼마나 큰지 알 수 있다.

날도마뱀과 코모도는 모두 파충류고, 이름에서 알 수 있듯 오래전부터 사람들이 녀석들을 용과 비슷하게 여겼다는 점에서 유리하다. 'Draco'는 일부 언어에서 '용'이라는 뜻이다. 우

34

리의 용 만들기 프로젝트에서 날도마뱀을 시작 동물로 사용하는 또 다른 이유는 녀석들이 마치 나는 것처럼 꽤 먼 거리를 활공할 수 있기 때문이다. 날도마뱀은 생김새도 아담한 용 같다.

단점도 있다. 날도마뱀은 무척 작아서 거대하고 무시무시한 용처럼 보이지 않을 것이다. 최선을 다했지만 용이 그렇게 작은 크기로 만들어진다면 디즈니 애니메이션 〈뮬란〉에 나오는 쪼끄만 용 무슈와 비슷할 것이다. 뮬란도 무슈를 작은 도마뱀으로 착각했다.

우리의 프로젝트를 날도마뱀으로 시작한다면 최종 결과물이 용처럼 크도록 중간에 몸집을 키우는 방법을 마련해야 한다(나중에 자세히 이야기해보자). 날도마뱀은 덩치가 작지만 매우 인상적인 특징을 지녔다. 공기를 잡아두어 도마뱀이 허공으로 솟구치도록 하는 앞다리와 몸, 뒷다리에 걸친 얇은 막인 비막, 흥미로운 색깔 등이다. 하지만 작아도 너무 작다.

코모도는 정반대다. 이미 용과 비슷한 멋진 특징을 지녔다. 생김새가 비슷하고 덩치도 엄청나게 큰 데다가 사냥 실력도 뛰어나다. 사람도 죽인다. 살짝만 물려도 무척 치명적일 수 있으므로[2] 용에게는 좋은 점이 하나 더 보태지는 셈이다.

하지만 코모도를 '시작 동물starting creature'로 삼으면 몇 가지 어려움이 따른다. 가장 큰 장애물은 바로 거대하고 무거운 몸뚱이를 어떻게 날게 할 것인지다. 유전자 편집으로 덩치를 줄이지 않으면 거구의 몸을 공중에 띄우기란(멀쩡하게 착지하는 것도)

어른 코끼리가 장대높이뛰기에서 약 6미터를 뛰어넘어 무사히 착지하게 만드는 것과 똑같다. '짠!'하고 말이다.

8장에서 윤리에 대해 살펴보겠지만, 코모도를 이용하는 데 따르는 또 다른 문제는 야생에 남은 개체가 얼마 없다는 것이다. 코모도가 멸종되어서는 안 될 테니까.

그렇다면 날도마뱀이나 코모도를 시작 동물로 삼는다는 아이디어가 주는 교훈은 무엇일까? 어떤 동물로 시작하든 장단점이 모두 있을 것이다. 어느 경우에도 결과물은 혼합물이 될 듯하다.

키메라

'일거양득'으로 용을 만드는 방법은 바로 키메라를 만드는 것이다. 키메라chimera는 서로 다른 여러 종으로 만든 생물체를 말한다. 여러 동물의 배아를 합치거나, 유전학을 이용해 여러 동물의 유용한 유전자(용과 관련된 특징을 만드는 '최고의' 유전자)로 새로운 동물을 만들 수 있다. 코모도와 날도마뱀의 잡종을 상상해보자. 크기는 둘의 중간이고 나무 사이를 날아다니는 치명적인 동물이 나올 수도 있다.

불가능하다고 생각한다면 여러 견종을 교배해 멋진 견종이 탄생한다는 사실을 생각해보자. 때로는 우스운 결과물이 나오기도 한다. 골든레트리버와 다리 짧은 코기를 교배시킨 잡종 개처럼 말이다. 정확히 말하면 그 결과물은 잡종이지만 일종의 키메라로 볼 수 있다.

날도마뱀과 코모도뿐만 아니라 다른 종에서도 용이 갖추었으면 좋을 만한 점만 모아 키메라를 만들 수 있다. 생각나는 두 가지 동물은 예상외로 곤충이다. 잠자리(매우 큰 Petalura종)와 폭탄먼지벌레(Brachinus종)다. 폭탄먼지벌레는 앞서 언급한 것처럼 엉덩이에서 뜨거운 화학물질을 뿜는다.

물론 척추동물로 시작하는 것이 곤충보다 실용적일 것이다. 하지만 잠자리는 용을 날수 있도록, 폭탄먼지벌레는 불을 내뿜도록 도와줄 수 있을지 모른다(나중에 더 자세히 살펴보자). 그러나 곤충을 시작 동물로 삼으면 덩치를 키우기 어려우니, 이 프로젝트에서는 척추동물을 활용하는 것에 집중하기로 하자.

용 키메라에는 익룡 또는 프테라노돈(흔히 프테로닥틸루스라고 알려져 있다)이 포함될 수도 있다. 지구상에 존재했던 가장 큰 비행 생명체라고 할 수 있는 케찰코아틀루스도 포함된다(그림 1.4 는 케찰코아틀루스의 생김새를 예술가의 관점에서 상상한 것이다). 케찰코아틀루스라는 이름은 메소아메리카의 깃털 달린 뱀처럼(혹은 용처럼!) 생긴 신의 이름인 케찰코아틀Quetzalcoatl에서 유래했다. 익룡에 대해서는 잠시 후에 살펴보자.

유전학 기술로 키메라를 만드는 것은 어떨까? 여기에서 기본 개념은 다른 종의 세포나 배아를 합쳐서 새로운 결합물을 만드는 것이 아니라, 한 종의 주요 유전자를 다른 종의 세포에

그림 1.4 예술가가 상상한 케찰코아틀루스.
날개를 앞다리처럼 사용한다고 상상한 점에 주목하자.

삽입하는 것이다. 이 방법은 몇 가지 선택지를 줄 수 있다. 시
작 동물의 줄기세포나 생식세포(정자나 난자)에 필요한 유전적
변화를 유도할 수도, 그 수정란에 직접 유전적 변화를 줄 수도
있다. 배아세포를 합치는 대신 유전적 키메라를 만들면 몇몇
예상되는 문제(용이 너무 작거나 너무 크거나 등)들을 피할 수 있지
만 새로운 문제를 일으킬 가능성이 크다.

우리는 기이한 키메라 조합의 아이디어가 특별히 실용적이진 않은 데다가 썩 좋지만은 않은 결과를 가져올 수 있음을 알고 있다. 이 접근법과 장단점은 6장에서 따로 다루겠다. 키메라 기술을 포함한 생식 및 유전자 기법이 용 만들기에 어떻게 사용될 수 있는지 말이다.

하늘을 나는 용

용에게 또 무엇이 필요할까? 고대 일본의 미술 작품에서 보는 것처럼(그림 1.1) 어떤 용은 날개가 없고 주로 헤엄치며 시간을 보낸다(이 책에서는 용을 상상의 동물이라고 가정한다). 하지만 우리는 하늘에서 많은 시간을 보낼 수 있는 용을 만들고 싶다.

따라서 체크리스트의 두 번째 항목이자 다음 장의 주제는 이미 예상했겠지만 비행이다 우리가 만들 용은 반드시 날개가 있고 제대로 날 수 있어야 한다. 다음 장에서 어떻게 용을 날게 할지 살펴보자(멋지거나 끔찍한 결과로 이어질 수 있다). 이미 비행능력을 갖춘 새와 다른 동물도 소개할 것이다. 생각해보라, 하늘을 나는 생명체들은 어떤 원리로 날 수 있으며 어떤 신체적 특징을 지녔을까? 이는 명백하게 밝혀진 문제가 아니며 2장의 흥미진진한 주제가 될 것이다.

용이 날려면 날개를 만들어주어야 하고 무게를 최대한 가볍게 유지해야 한다. 뼈를 가볍지만 튼튼하게 만드는 것도 방법이 될 수 있다. 새처럼 뼛속이 비어있도록 말이다. 또한 공기역학적으로 날개를 퍼덕여 하늘을 날 수 있게 하려면 날개뼈와 손발가락의 길이를 특정해야 한다. 이렇게 정해진 특징과 강력한 흉근으로 용이 날 수 있다.

깃털은 어떨까? 깃털은 유용할 수 있어서 선택권을 열어둘 생각이다. 깃털이 용의 생김새를 더욱더 흥미롭고 다채롭게 만들어줄 수 있다.

그렇다면 새를 시작 동물로 삼아 용을 만들 수는 없을까? 앞에서도 말했지만 우리 용은 커야 한다. 날 수 있어도 울새나 벌새 크기의 용은 싫다. 용이려면(꼭 날아야 한다) 크기가 중요하다. 너무 커도, 너무 작아도 안 된다. 분명히 가장 적절한 크기가 있을 테지만 순조롭게 진행된다면 인상적일 정도는 되어야 한다. 새를 시작 동물로 삼는 방법은 여전히 가능하다. 특히 큰 새라면 고려해볼 만하다.

새의 친척이자 멸종한 익룡인 프테라노돈은 케찰코틀루스처럼 실존 동물 가운데 용과 가장 비슷하다. 고생물학자들의 연구에 따르면 프테라노돈은 엄청나게 큰 도마뱀 같은 동물인데 날 수 있었던 것 같다. 당시 공룡 같은 동물이 지상을 거닐 때 하늘로 날아올랐을 것이다. 용처럼 말이다.

거대한 덩치로 날아다닌 익룡은(불을 뿜지는 못했지만) 우리가 용을 만드는 과정에 유용한 정보를 줄 것이다. 어쩌면 익룡을 비롯한 공룡의 화석 뼈 때문에 용의 전설이 만들어졌는지도 모른다.

다음 장에서는 새가 어떻게 날 수 있고 깃털이 없는 박쥐의 비행 능력이 어떻게 진화했으며, 아이언맨의 슈트 같은 굉장한 발명품 없이는 비행이 불가능한 인간처럼, 날도마뱀과 하늘다람쥐 등 날개가 없는 동물이 어떻게 날 수 있는지 살펴볼 것이다. 지금 지구상에서 가장 일반적인 비행 동물은 곤충이다. 다시 말하지만 곤충 용은 만들지 않는다. 하지만 분명 잠자리처럼 날 수 있는 곤충에서 하늘을 나는 용을 만드는 데 도움 되는 정보를 얻을 수 있을 것이다.

만약 100년, 아니, 1000년의 시간이 주어진다면 기존의 동물이나 키메라가 서서히 용으로 진화하도록 할 텐데. 용이 세상에 적응할 시간도 생길 테니 오히려 좋다. 용을 만드는 데 성공해도 몇몇 문제가 기다리고 있기 때문이다. 용이 세상에 적응하지 못한다면? 그래서 죽는다면? 우리에게는 그만한 시간이 없고 가능한 한 용과 오랫동안 함께하고 싶다.

비행의 원리나 어떻게 다양한 동물에게 날개가 생기도록 진화했는지 더 알고 싶다면 칼 짐머Carl Zimmer의 《더 탱글드 뱅크 The Tangled Bank》[3]를 추천한다.

불을 뿜다

마지막으로 우리 용은 불을 뿜어야 한다. 그렇지 않으면 무슨 재미가 있을까? 3장에서 용이 불을 뿜게 하는 방법을 설명한다.

용에게 불 뿜는 능력을 주려면 수많은 난관을 거쳐야 한다. 우선 연료가 어디 있는가? 석탄이나 불쏘시개를 삽으로 퍼서 입에 넣어주거나 프로판가스 탱크를 목에 걸어줄 수는 없다. 용이 직접 연료를 공급해야 한다. 우리는 용의 연료 공급원에 대한 다양한 아이디어를 떠올렸다. 용이 프로판 같은 가스를 직접 생산하거나(폭발적인 트림이라고 생각하라) 극단적으로는 거의 순수한 수소 가스를 생산할 수 있도록 말이다. 다만 폭발성이 강한 농축 수소 가스를 생산한다면 극도로 위험할 수 있다.

연료에 불이 붙으려면 발화 장치도 필요하다. 우리는 연료를 어떻게 발화할지에 관해 전기뱀장어처럼 몇 가지 아이디어를 떠올렸다. 이빨에 부싯돌 충전재를 넣는다거나 인공두뇌학을 이용한 업그레이드 등 다른 방법으로 불을 붙일 수도 있다. 이빨에 부싯돌 충전재를 넣는다거나 인공두뇌학을 이용한 업그레이드로 발화를 유도하거나. 편법을 써서 용에게 라이터나 성냥을 주는 방법도 있지만 이건 영 폼이 안 난다. 하지만 앞으로 용을 만드는 과정에서 만나는 장애물을 넘기 위해 이렇게 가끔 편법을 쓸 수도 있다.

불을 만드는 또 다른 방법은 용의 몸속 여러 군데에서 다양한 반응성 화학물질을 생성하는 것이다. 생성된 화학물질을 그때그때 혼합해 폭발적인 발화 반응을 일으킬 수도 있다. 폭탄먼지 벌레처럼 말이다. 하지만 엉덩이보다는 앞쪽에서 발사되고 강도가 훨씬 더 높아야 한다. 물론 용의 몸속에서 불이 나 폭발하는 일은 없어야 하므로 내부 안전 기능도 필요하다. 폭탄먼지벌레의 보호 구조를 사용하는 것도 용을 지켜주는 한 방법이 될 수 있다. 그 구조는 폭발적인 방귀의 공급원인 섭씨 100도에 가까운 체내 화학반응에서 용을 안전하게 해줄 것이다.

　용의 식단도 중요한 문제다. 용이 섭취하는 음식은 연료 생산에 영향을 끼칠 것이다. 또한 하늘을 날려면 호리호리한 몸매를 유지해야 할 테지만, 비행하고 불도 뿜으려면 엄청난 에너지가 필요하므로 용은 하루에 수천 톤의 칼로리를 섭취해야 한다. 즉 용의 신진대사도 무척 중요하다는 뜻이다. 전용 요리사와 영양사가 필요하지 않을까? 돈이 많이 든다고 생각할 것도 없다. 용을 만드는 생각부터 이 모든 목표를 달성하기 위해 줄기세포, 보조 생식기술, 크리스퍼 기반의 유전자 편집 기술, 생체공학 등 여러 기술을 조합해 사용할 수 있다. 지난 2018년은 메리 셸리Mary Shelley의 《프랑켄슈타인》 출간 200주기였는데, 그때 우리는 용을 만드는 완전히 파격적인 방법이 떠올렸다. 여러 동물의 신체 부위를 합쳐서 일종의 프랑켄슈타인 용을 만드는 것이다. 하지만 그렇게 하면 제어 가능한 멋진 피조물이 아니라 괴물이 나올 것 같다. 급진적인 프랑켄슈타인 접근법이 아니더라도 용을 만드는 과정에서 얼마든지 처참한 결과가 나올 수 있다.

우리 용은 똑똑해용

지금까지 살펴보았듯 용에게 하늘을 나는 데 필요한 생리를 갖춰주는 것은 충분히 가능할 것 같다. 하지만 하늘을 나는 법은 어떻게 가르쳐야 할까? 그 방법을 배운다고 해도 제자리로 돌아와 무사히 착지하는 법은 어떻게 가르쳐야 할지 솔직히 모르겠다. 용에게 나는 법을 가르쳐주었지만 착지법은 깜빡하고 가르쳐주지 않았거나 용이 제대로 익히지 못한다고 생각해보자. 난생처음 하늘을 나는 모험을 하기 위해 둥지를 떠난 용은 투석기로 쏘아 날아간 소처럼 '철퍼덕' 떨어져 피투성이가 될 것이다.

또 다른 이유에서 우리의 세 번째 목표는 용에게 어느 정도 높은 지능을 주는 것이다. 감정 없는 컴퓨터만큼은 아니라도 우리의 용은 꽤 똑똑해야 한다. 인간을 존중하고 따를 수 있을 정도로 자각이 있어야 한다. 그래야 인간을 통구이로 만들거나 먹어치우지 않고 인간의 지시를 따를 것이다. 하늘을 날고 무사히 착지하는 것 말고도 많은 일을 감당할 지능이 필요하다.

하지만 뇌 용량이 너무 커서 비행에 어려움이 생기는 등의 다른 문제가 발생하면 안 된다(머리가 너무 무거워서). 인간의 필요성을 느끼지 못할 정도로 너무 똑똑해도 안 된다. 그렇다고 너무 멍청하면 참사를 부를 수 있다. 예를 들어 IQ가 너무 낮으면 용이 어떻게 하늘을 나는 법, 착지하는 법, 그리고 마을

약탈하지 않기 같은 중요한 사항을 배우겠는가?

따라서 뇌와 관련된 네 번째 목표가 생긴다. 우리 용은 특정한 기질을 갖추어야 한다. 너무 다혈질이면 안 된다. 그랬다가는 화염 방사로 우리가 숯덩이가 되기 십상이니까. 훈련을 통해 인간을 가족으로 여겨야 한다. 우리가 용의 엄마나 아빠가 되는 것이다. 적어도 희망 사항은 그렇다. 특정한 기질을 만들어내는 것은 무척 어려운 도전이 될 것이다. 성격은 수백의 유전자가 제어하는 복잡한 속성이라 유전적 접근법이 엄청나게 도움이 되진 못하는 데다 양육 같은 환경 요인도 관여하기 때문이다.

솔직히 도마뱀이나 새처럼 우리가 용의 시작 동물로 고려하는 동물들은 사교적이거나 별로 귀여운 성격이 아니지 않는가? 물론 애정이나 모성애처럼 매력적인 특징을 지닌 새도 있고 사람처럼 장황하게 지껄이는 새도 있겠지만 말이다.

용이 우리가 쓰는 언어나 우리가 이해할 수 있고 비밀스럽게 소통할 수 있는 독특한 언어를 쓸 줄 안다면 무척 수월할 것이다. 말할 수 있으려면 특정한 뇌, 기도, 그리고 구강 구조가 필요하다. 새는 말을 잘할 수 있으므로 용의 시작 동물로 삼는다면 큰 문제가 되지 않을 것이다. 하지만 도마뱀으로 시작한다면 더 힘들어질 수 있다.

다시 성격으로 돌아가 도마뱀이나 새와 개를 대조해보자. 개는 생김새의 종류가 무척 다양할 뿐만 아니라(다형성多形性이라고 한다) 성격과 기질도 제각각이다. 예를 들어 핏불이나 도베르만을 래브라도 레트리버와 비교해보자. 우리는 용의 성격이 래브라도 레트리버에 가깝기를 바라지만 개의 성격도 워낙 다양하니 어떻게 될지 모르겠다.

반면 용의 시작 동물로 삼을 만한 특별히 쾌활하거나 매력적인 성격의 파충류는 떠올리기가 힘들다. 하지만 유쾌하고 부드러운 성격의 새는 있으니 이를 대안으로 고려해볼 수 있다. 그런데 앨프리드 히치콕 감독의 영화 〈새〉에서(이유를 알 수 없는 새 떼의 공격을 사람이 제대로 막지 못하는 이야기를 그린 공포 영화) 새를 용으로 바꿔 생각해보면 훨씬 더 끔찍하다.

4장에서는 용의 지능에 관한 내용을 다룰 것이다. 뇌와 관련해 어려운 문제는 바람직한 특징에 꼭 '나쁜' 특징이 따라온다는 것이다. 뇌는 단순히 지능만 결정하는 것이 아니라 성격과 감정도 결정한다. 따라서 지능을 높이면 성격에 부정적인 영향을 끼칠 수 있다. 그 반대도 마찬가지다. 우리는 소시오패스나 사이코패스 같은 반사회적 인격장애를 앓는 용은 원하지 않는다. 그런 생명체를 세상에 내놓는다면 큰 죄책감이 따를 것이다.

드래곤 만들 파티원을 찾습니다

불을 생각하면 소방서나 적어도 용이 모든 건물을 태우지 않도록 도와줄 화재 전문가가 한 명은 필요하지 않을까? 거의 그럴 것이다. 특히 용이 어릴수록 사고를 칠 가능성이 크다. 새를 시작 동물로 삼는다면 팀에 조류학자가, 도마뱀으로 시작한다면 파충류학자가 필요하다.

생각해보면 우리에게는 기막힌 아이디어도 많다. 나는 수십 년을 연구자로 일했지만 용 만들기에 성공하려면 큰 규모의 팀이 필요할 것이다. 다양한 생물학자는 물론, 화학자, AI 기반의 디자인을 도와줄 그래픽 디자이너, 보조 생식전문가, 수의사 등도 필요할지 모른다. 이정도 팀을 갖추려면 필요한 비용도 늘어난다. 연구 비용을 마련하는 방법은 나중에 살펴보자.

사고는 분명히 일어난다

이 책 전반에 걸쳐 용을 만드는 과정에서 언제 어떤 문제가 발생해 목숨을 잃을 수 있는지도 이야기할 것이다. 사실 흥미롭기도 하다. 알프레드 노벨과 그의 동료들도 다이너마이트를 발명하면서 언제든 일이 잘못될 수 있다는 사실을 알고 있었다. 노벨의 동생 에밀이 실험을 하다가 실제로 목숨을 잃었다. 진지한 과학 연구에는 용 만들기처럼 실질적인 위험이 따른다.

우리가 원하는 특징을 전부 갖춘 용을 만드는 데 성공했다고 생각해보자. 과연 세상이 우리의 용에게 어떤 반응을 보일까?

NSA(미국 국가안보국), MI6(영국 군사정보부), FSB(러시아의 첩보 기관 KGB의 새 이름) 같은 국가 안보 기관이나 다른 강력한 첩보

기관이 우리 용을 언제 무슨 일을 벌일지 모르는 제거 대상으로 평가하는 일은 없어야 한다. 용을 무기로 쓰기 위해 빼앗아 가려고 할지도 모른다. '인류의 이익을 위한' 목적으로 사용한다며 용을 더 많이 만들어달라고 할 수도 있다. 드래곤 솔저를 한 번 상상해보라.

우리는 용이나 용 만드는 기술을 탐내는 첩보기관이나 다른 기관에 어떻게 반응할지 아직 결정하지 못했다. 용과 용 만드는 기술에 특허나 저작권을 신청해야 할까?

일반인은 어떨까? 대중은 용을 보고 신기해하거나 공포에 질릴 수 있다. 성 조지가 용을 죽이는 종교적인 이야기를 떠올리며 "용은 나빠!"라고 말할 사람도 있을 것이다. 용이 세계적으로 악의 상징이며 공포를 일으키는 존재였다는 것을 안다면 좋아할 사람이 그리 많지 않을 것이다.

윤리적인 문제도 있다. 용을 만드는 것 또는 만들기를 시도하는 것조차 과연 윤리적인 일일까? 키메라나 유전자 변형 생명체를 만들면서 실패하는 경우 어떤 요소들이 중요할까? 이 문제는 8장에서 다룬다.

마지막으로 정말로 용을 만들려면 큰 비용이 필요할 것이다. 연구 비용을 마련하는 방법은 세 가지다. 다수의 투자, 한 명의 투자, 그리고 온라인 모금. 셋 모두 문제가 따를 수 있다. 고펀드미(미국의 크라우드펀딩 사이트)를 이용하면 어떨까? 투자금은 많이 모을 수 있겠지만 비밀 프로젝트가 세상에 드러난다.

미국 국방성 산하의 고등연구계획국DARPA 등 정부 지원을 받는 방법도 있다. 하지만 용이 무기로 사용될 위험이 있다. 일단 100만 달러 정도의 돈이 필요하므로(나중에 1,000만 달러로 급격히 늘어날 수도 있지만) 통제권을 잃지 않고 연구비를 마련하기 바란다. '쥬라기 공원'이 투자자들 때문에 어떻게 되었는지 생각해보라.

굳이 책까지 써야 했나?

용을 갖고 싶은 마음은 이해해도 굳이 책까지 쓰는 이유는 이해하지 못할 수 있다. 우선 이 프로젝트를 실제로 완수할 수 있는지 알아보면 재미있을 것 같았다. 용 만들기 프로젝트가 정말 불가능할까? 그렇지는 않을 것이다. 중간에 장애물이 나타날 때마다 선택할 수 있는 대안이 많다.

두 번째 이유는 이 프로젝트를 연구하면서 멋진 과학을 많이 알게 되었기 때문이다. 그것을 다른 사람들에게 전해주고 싶었다. 특히 어린이, 청소년, 그리고 마음은 여전히 젊은 어른들에게 말이다.

또 다른 이유는 풍자였다. 한 예로 새로운 연구를 과장해서 말하는 과학과 미디어를 약간(사실은 많이) 놀려주고 싶었다. 그렇게 하면 흥미진진한 과학이 부풀려져 선전된다는 사실을 사람들에게 알려줄 수 있을 것 같다. 예를 들어 크리스퍼 유전자 편집은 용 만들기에 무척 유용하지만 과대 선전하는 바람에 만화책의 내용조차 실현될 수 있다고 믿는 사람들이 있다. 그렇게 부풀려진 크리스퍼는 우리 프로젝트에서 손쉬운 놀림감이 된다. 줄기세포나 복제 같은 다른 기술도 마찬가지다. 이 책을 읽다 보면 과장된 표현이 나올 수도 있다는 뜻이다. 그런 표현은 반어나 풍자의 의도라고 해석해주기 바란다. 이에 대한 언급은 반복하지 않겠다. 주의를 주었으니 미리 알고 있기 바란다. 그리고 '들어가는 말'을 꼭 읽기 바란다.

용을 만드는 방법에 대해 생각해본 사람이 나말고도 여럿 있음을 알아주기를 바란다. 카일 힐도 그중 한 명으로 《사이언티픽 아메리칸》에서 불을 내뿜는 방법을 포함해 영감을 주었다.* 독창적인 아이디어를 참고하게 해준 카일에게 감사를 전한다.

유전공학 기술로 용과 닮은 새로운 생명체를 만드는 것이 과연 가능한 일일까? 그렇다면 유니콘처럼 더 낯선 생명체도 만들 수 있을까? 소형 코끼리는 어떨까? 스탠퍼드 법학 교수 행크 그릴리, 윤리학 교수 알타 차로[4], 그리고 다수의 저널리스트가 이 문제에 관한 글**을 썼다.

그릴리와 차로는 우리보다 훨씬 회의적인 듯하다. 그들도 누군가 그런 프로젝트에 도전할 사람이 있겠지만 목표 달성까지

---

*   https://blogs.scientificamerican.com/but-not-simpler/smaug-breathes-fire-like-a-bloated-bombardier-beetle-with-flinted-teeth/

**   http://www.bbc.com/news/uk-wales-35111760

갈 길이 멀다고 했다. 2015년의 기사에서 그들은 용과 닮은 생명체를 만들 수 있다고 주장했다.

> 현재 물리학·생물학적 제약으로 날거나 불을 뿜는 용을 만들진 못하겠지만, 적어도 유럽이나 아시아의 용(날지는 못하더라도 퍼득거리는 날개를 가진)처럼 생긴 매우 커다란 파충류는 누군가의 임기표적(사정권 안에 있지만 미리 계획하지 않은 표적)이 될 수 있다.

첩보기관이나 미국 국방성이 용을 빼앗아가거나 용 만드는 기술을 사려는 것 이외에 USDA(미국 농무부), EPA(미국 환경보호청), FDA(미국 식품의약국) 같은 정부기관이 훼방 놓지는 않을까? 그럴지도 모른다. 하지만 정부는 주도적이기보다 수동적이므로 일단 도전해보고 좋은 결과를 바라면 된다. 규제기관에 대해서는 생명윤리를 다루는 8장에서 살펴보자.

모든 준비가 되었다면, 이제 불을 뿜는 살아있는 진짜 용을 만드는 여정을 본격적으로 떠나보자.

2장

빛…은 됐고 날개나 있으면

Let there be flight

날아오르라, 우리 용이여

날 수 없으면 과연 용이라고 할 수 있을까? 그렇다면 무척 실망스러울 것이다. 앞서 이야기한 것처럼 신화에는 날지 못하는 용이 꽤 많았다. 그 용들은 육지를 거닐거나 바다에 살았다. 날지 못해도 용은 놀랍고 강한 존재가 분명했다. 하지만 이 프로젝트에서는 반드시 하늘을 나는 용으로 만드는 것이 목표다.

하늘을 날게 하는 데 실패해도 우리 용은 걷기보다는 빠르게 달리는 무시무시한 동물일 것이다. 지상에 묶여있는 용은 로드러너(무척 빠르지만 날지는 못하는 포식성 새로, 옛날 만화 〈루니 툰즈〉의 주요 캐릭터이기도 하다)와 비슷하겠지만 거대한 몸집으로 사냥감을 확 낚아채고 불을 내뿜는 점은 변함이 없다. 지구상에 실존한 가장 멋진 비행 동물인 프테라노돈 중에서도 케찰코아틀루스 같은 일부만 하늘을 날 수 있었을지도 모른다(케찰코아틀루스가 어떻게 생겼는지 다시 확인하려면 **그림 1.4**, 화석 뼈대는 **그림 2.1** 참고). 이 장에서는 케찰코아틀루스를 자세히 살펴볼 것이다.

용이 날 수 없다는 것이 그렇게 나쁜 일일까? 그렇다. 날지 못하면 힘과 방어 능력에 제한이 생긴다. 현대 미디어에 나오는 용의 모습에 익숙한 우리에게 날지 못하는 용은 용처럼 느껴지지 않는다.

비행은 물론 불까지 원하는 것은 욕심일 수도 있지만 과연 잘못일까? 이왕 힘들게 용을 만들려면 최대한 멋지게 만들어

그림 2.1 휴스턴자연과학박물관에 전시된 케찰코아틀루스의 뼈대. 케찰코아틀루스는 날 수 있었던 것으로 알려진다. 출처: Yinan Chen.

야 하지 않을까? 다양한 용을 만들어볼 수도 있다. 바다에 사는 용, 땅에서 사는 용, 하늘을 나는 용까지 말이다. 하지만 한 마리 만드는 것만도 힘든 도전이므로 나는 용을 만드는 계획에만 힘을 쏟기로 하자.

기본적인 비행 능력을 부여하는 것만 해도 힘든 도전이 될 것이다. 우리 용은 초보 조종사처럼 아슬아슬하게 나는 정도가 아니라 베테랑이어야 한다. 하늘에서 빠르고 우아하며 매우 능숙하게 날 수 있어야 한다.

무거운 용이 비행하는 법

하늘을 날려면 적어도 용이 제 몸무게를 쉽게 들어 올릴 만한 힘이 있어야 한다. 그러려면 질량이 최대한 작아야 한다. 몸집이 거대할수록 날 수 있는 가능성이 적다. 프테라노돈 같은 비행 동물이나 현대의 하늘을 나는 공룡이라고 할 수 있는 조류도 이 원칙을 따른다. 지구상에 존재했던 가장 커다란 비행 동물이라고 할 수 있는 케찰코아틀루스는 크기에 비해 생각보다 몸무게가 그리 많이 나가지 않았다.

하늘을 나는 용을 만드는 것이 '절대적으로 불가능한 일'이라고 생각할지도 모른다. 하지만 그리 어려울 것도 없다. 그저 날 수 있는 도마뱀을 만들면 되는 것이다. 실제로 어떤 도마뱀은 거의 난다고 할 수 있을 정도이므로 그렇게 불가능한 일은 아니다. 그런데 하늘을 나는 돼지를 만드는 것보다 보통 크기의 나는 도마뱀을 만드는 것이 훨씬 쉬울 것이다. 아니면 정반대로 먼저 공룡과 관련 있는 비행 동물을 만들어(새!) 파충류와 비슷한 특징을 부여하면 공룡처럼 보인다. 간단하지 않은가?

물론 알고 있다. 도마뱀으로 시작하든 나는 동물로 시작하든

날 수 있는 용을 만드는 것은 절대 쉬운 일이 아니다. 여러 난관이 닥칠 것이다. 우리가 용에 넣으려는 특징들이 전부 용의 덩치를 크게 만들 테니까 말이다. 한 예로 불을 뿜게 해주는 위장 구조(다음 장에서 자세히 살펴보자) 때문에 중량이 늘어나 비행이 어려워질 수 있다.

또한 강력하고 회복력이 클수록 근육량이 많고 피부가 두꺼워져 중량이 늘어난다. 역시 몸이 무거워지면 날기가 더 힘들어진다. 미디어에서 흔히 묘사되는 용들을 보면 거대한 덩치에 비해 날개는 실제로 날 수 있을 만큼 크지 않은 경우가 대부분이다. 우리의 프로젝트는 현실적으로 용을 만드는 방법을 추구한다. 적어도 물리 법칙을 너무 심하게 벗어나지는 않을 것이다.

또 고려해야 할 점은 무엇일까? 다음 장에서는 불의 연료로 용의 위장에 수소처럼 공기보다 가벼운 가스를 저장해두면 전체적인 몸무게가 줄어 비행에 도움이 된다는 아이디어를 다룰 것이다. 하지만 용이 풍선처럼 잔뜩 부풀거나 폭발력이 지나치면 안 된다.

용이 하늘을 날려면 힘과 체중의 알맞은 비율도 중요하지만 공기역학적일 필요도 있다. 종이비행기가 좀처럼 날아가지 않고 땅에 떨어진 경험이 있는가? 우리 용도 그렇게 되면 안 된다. 종이비행기는 새 종이로 얼마든지 다시 접으면 되지만 진짜 용 만들기는 그렇게 간단한 일이 아니다. 그리고 분명히 용에게 정이 들테니 다시 만들어야 하는 불상사는 피해야 한다.

특정한 체중과 강력한 날개 외에도 나는 법을 배우고 여기저기 날아다니는 데 필요한 지능과 무사히 착지하는 기술도 지녀야 한다(용의 뇌 만들기는 4장에서 다룬다). 하늘을 나는 동물의 뇌 질량에서 어느 정도가 비행 기술에 할당되는지는 정확히 알 수 없다. 그래도 하늘을 날고 착지하려면 상당한 지능이 필요한 듯하다. 앞에서 말했지만 우리 귀한 용이 어설프게 날개를 푸드덕거리는 일은 없어야 한다!

막대한 비용과 시간을 들여 만들고 정까지 깊이 들었는데 용이 추락해 죽는다고 생각해보라. 엄청난 속도로 땅에 떨어져야만 죽는 것이 아니다. 착지하다가 나무나 건물에 충돌하거나 땅에 너무 세게 부딪혀 죽을 수도 있다. 그때 우리가 등에 타고 있다면 어떨지 생각만 해도 아찔하다.

비행 설계: 어디에서 시작할까?

체중 대 힘의 딜레마는 '시작 동물'을 통해 현실적으로 살펴볼 수 있다. 한 예로 크기가 작은 날도마뱀을 거대한 코모도나 악어와 비교해보자. 현존하는 가장 큰 파충류인 코모도는 현존하는 가장 큰 도마뱀이다. 이 거대한 녀석이 하늘을 나는 모습은 상상하기가 어렵다. 파충류와 도마뱀이 동의어가 아니라는 사실을 몰랐다면 이제 알았을 것이다.

평균적으로 날도마뱀은 코모도보다 체중이 1,000배는 덜 나

그림 2.2 날도마뱀. 비막과 팔로 이루어진 날개가 있는 이 녀석이
훨씬 거대한 덩치로 불을 뿜어낸다고 상상해보라.

간다. 용하고는 비교가 안 된다. 하지만 날도마뱀은 현존하는
동물 가운데 하늘을 나는 도마뱀에 가장 가깝고 비록 크기는
작아도 생김새가 용과 비슷하다(그림 2.2). 날도마뱀은 길이가 약
20센티미터에 무게는 20그램도 안 되지만 코모도는 길이가
날도마뱀의 12배에 최고 무게는 8,000배로 약 166킬로그램이
나 된다.* 어느 쪽이 용과 더 비슷할까?

날도마뱀은 날 수 있지만 코모도에게 비행이란 어림도 없는
일이다. 날도마뱀은 비막이라는 피부막을 이용해 나무 사이로
약 30미터 가량을 활공한다. 유전공학이나 줄기세포 기술을 이
용해 날도마뱀의 근육과 뼈를 키워서 비막을 더 크고 기능적인

*   https://nationalzoo.si.edu/animals/komodo-dragon

날개로 만들면 될 것 같다. 하지만 이런 특징을 추가하면 체중이 늘어나 비행하기 힘들어지므로 날개 크기에 너무 집착하지 않기로 하자. 그래도 유전자를 변형한 날도마뱀은 다른 생리 요소를 바꾸거나 물리 법칙을 어기지 않고 날 수 있을 것이다.

유전자 변형으로 새의 뼈를 더욱 가볍거나 길게 만들어도 괜찮겠다. 하지만 유전자를 편집해도 날도마뱀은 코모도보다 작을 테니 날도마뱀을 기반으로 만든 용은 별로 멋있지 않을 것이다. 하지만 앞에서 말한 것처럼 작은 날도마뱀 용을 잔뜩 만들어 한꺼번에 불을 뿜게 할 수도 있다. 히치콕의 〈새〉에 나오는 광기 어린 새들처럼 말이다. 하지만 '날도마뱀 용'이 덩치가 커져도 하늘을 날 수 있으려면 성장 요인을 추가하는 등 더 많은 기술이 필요하다.

반면 코모도는 덩치가 크다. 사람을 죽일 수도 있는 치명적인 동물이다. **그림 2.3** 은 인도네시아에서 코모도가 사람을 쫓는 모습이다. 이 코모도에 날개가 달리고 하늘을 날 수 있다면 훨씬 끔찍하겠지만 생김새는 용과 더욱 비슷해질 테니 반가운 소식이다.

코모도는 굳이 유전자 변형을 하지 않아도 큰 먹이를 사냥할 수 있다. 크기도 사나움도 용과 비슷해서 이름에 '드래곤'이 들어가는 것도 이해가 된다. 크고 무서운 용을 만들기 위한 시작 동물로 삼을 만하다.

코모도가 익룡(**그림 2.4** 참고)처럼 하늘을 나는 모습을 상상하

그림 2.3 인도네시아에서 서로를 뒤쫓는 코모도를 피해 달려가는 관광객.
이 동물이 날개로 하늘을 날 수 있고 불을 뿜어내는 용이라면 어떨까. 출처: Jorge Láscar.

그림 2.4 비행하는 암컷(좌)과 수컷(우) 익룡의 뼈대. 출처: 캐나다 토론토 Kenn Chaplin.

기란 쉽지 않다. 투석기로 날리지 않는 한 코모도를 공중으로 띄울 수나 있을까? 어설프게 '푸드덕' 거릴 수도 있으니 낙하산을 달아주어야 할까?

코모도를 기반으로 만든 커다란 용이 능숙하게 하늘을 날고 무사히 착지하려면 중간 크기의 비행기만 한 날개가 필요할 것이다. 날개를 줄이려면 다른 변화를 주어야 한다. 뼈를 가볍게 하거나 근육계를 간결하게 하는 등 다양한 방법이 있다.

따라서 크거나 작은 동물을 바탕으로 용을 만드는 것 모두 절대로 쉽지 않다. 하지만 우리는 용이 코모도처럼 사납고 덩치가 크고 사냥 능력이 뛰어나기를 바란다. 용은 무언가를 죽여야 한다. 물론 인간을 해쳐서는 안 되지만 말이다. 또 우리는 용이 새나 박쥐처럼 민첩하게 날 수 있기를 원한다.

멸종한 거대 비행 동물의 교훈

하늘을 나는 용을 만들기가 불가능한 것은 아닐까? 그렇지 않을 것이다. 어떻게 자신하냐고? 앞에서 말했듯이 용만 한 크기에 날개가 달리고 하늘을 나는 동물은 충분히 있을 수 있다. 우리가 가장 좋아하는 비행 동물 케찰코아틀루스를 보면 그렇다(그림 2.1). 케찰코아틀루스는 프테라노돈의 아즈다르코과 azhdarchidae에 속한다. 일부는 분명히 하늘을 날 수 있었다.

역사상 거대한 비행 동물 둘을 꼽자면 케찰코아틀루스와 그

친척 하체고프테릭스hatzegopteryx가 있다. 이 둘에 관해 이야기해
보자. 1장에서 말한 것처럼 케찰코아틀루스는 아메리카의 깃털
달린 뱀신(분명히 용이었을 것이다)의 이름에서 따온 것이고. 하체
고프테릭스는 백악기에 현재 루마니아의 트란실바니아에 해당
하는 곳에 있었다고 알려진 하체그섬haţeg island의 이름을 따랐다.
두 멋진 동물을 간단히 '케츠'와 '하츠'라는 별명으로 부르자.

케츠와 하츠는 날개 길이가 평균 11미터(최고 16미터에 이르고
날개폭은 15미터나 된다)였다고 하니 한 번에 수백 또는 수천 마일
까지 날지는 못하더라도 하늘을 나는 모습이 정말로 멋졌을 것
이다. 녀석들의 몸집은 어느 정도였을까? 참고로 녀석들의 날
개폭은 오늘날 집 몇 채에 해당한다. 용만 하다. 생김새도 비슷
했을 것이다. 지금까지 살아있다면 얼마나 멋질까!

재미있게도 이 날아다니는 거구의 공룡은 오늘날 우리가 흡
혈박쥐를 떠올리는 루마니아 트란실바니아에 살았다고 한다.
케츠와 하츠가 피를 빨아먹었을 리는 없지만(그랬다면 멋졌겠지
만!) 공룡만 한 흡혈 박쥐나 흡혈 용을 생각하면 정말로 무시무
시하다. 피를 빨아먹진 않아도 집채만 한 육식성 비행 동물은
매우 인상적이다. 케츠와 하츠는 이빨이 없었지만 날카로운 부
리로 먹이를 찔렀을 것이다. 큼지막한 먹이를 한입에 꿀꺽 삼
켰을 수도 있다.

거대한 케츠와 하츠가(약 225킬로그램으로 추측된다) 어떻게 날
수 있었을까? 정말로 날아다녔던 게 맞을까? 아니면 날개를 물

갈퀴 삼아 헤엄치는 펭귄처럼 그들의 날개를 다른 용도로 쓰지 않았을까?

케츠와 하츠가 정말로 날아다녔는지에 대해 여전히 논란이 있지만, 화석으로 발견된 뼈로 이론을 세울 수밖에 없는 과학자들은 케츠와 하츠가 능숙하게 하늘을 날 거나 적어도 활공할 수 있었다고 생각한다. 그들은 분명히 날 수 있었지만 지상의 사냥꾼으로서 땅에서 보내는 시간도 많았을 것이다. 네 다리로 움직이다가 휙 날아올라 먹이를 낚아채기도 했을 것이다.

항공공학 교수 폴 맥크리디가 이끄는 캘텍Caltech 연구진은 40년 전에 하늘을 날 수 있는 케츠 모델을 만들었다. 맥크리디는 케츠 모델을 만들기에 앞서 어떻게 만들 계획인지 자세히 설명했다.*

모델이 만들어지기 전 특징에 대한 논쟁이 있었고, 이는 이후 실제 케츠가 어떻게 생겼는지에 대한 논쟁으로 이어졌다. 맥크리디 교수의 계획에는 케츠가 어떤 생물학적 원리로 날 수 있었는지에 대한 가정이 들어있는데, 이 가정은 용을 만들려는 우리에게 꽤 고무적이다.

거대 익룡이 발견되기 전에는 생물학적 비행이 가능한 거리가 기껏해야 11미터정도거나 이보다 더 짧았다고 추측했다. 하지

---

* http://calteches.library.caltech.edu/596/2/MacCready.pdf

만 자연은 생물학적 존재에 대한 인간의 성능 제한을 존중하지 않는다.

우리도 우리가 만들 용에 하한선을 두지 않을 것이다. 케츠와 하츠는 오늘날의 날도마뱀이나 코모도 같은 파충류보다 새와 더 닮았을지도 모른다. 이 점을 활용하면 우리 용에게 비행 능력을 줄 수 있지 않을까? 새가 어떻게 날 수 있고 새의 비행 기능은 박쥐나 곤충과 어떻게 다를까? 그저 날개를 퍼덕거려 몸을 띄우거나 연처럼 솟아오르는 듯 보이지만 그렇게 단순하지 않다. 날개는 무엇이며 어떻게 비행할 수 있도록 하는 걸까?

비막이 그대를 자유케 하리라

날 수 있는 척추동물에는 비막patagium이 있다. 일반적으로 공기를 받아들이는 피부막이다. 날 수 있는 척추동물은 비막을 갖고 있지만 물속에서 발을 젓는 동물 외의 다 자란 육상동물에게는 비막이 발견되지 않는다. 새처럼 날개 달린 척추동물의 비막은 기다란 손가락 사이에 자리한 피부막으로서 깃털에 덮여 있을 수도 있다. 비막 구조는 깃털이 없는 박쥐의 날개에서 쉽게 볼 수 있다(그림 2.5).

날도마뱀과 하늘다람쥐처럼 활공할 수 있는 동물도 비막이 있다(그림 2.6). 날다람쥐의 학명은 'Pteromyini'인데 익룡

박쥐의 날개는 얇은 뼈와 서로 이어진 피부막인 비막으로 이루어진다.

그림 2.6 하늘다람쥐의 뚜렷한 비막.

pterosaur처럼 '비행'을 뜻하는 접두사 'ptero'가 들어간다. 흥미로운 여담인데, 2019년에 하늘다람쥐가 어둠 속에서 분홍색으로 빛난다는 사실이 보고되었다.* 어둠 속에서 빛나는 용을 상상해보라! 익룡도 비막이 있어서 하늘을 날 수 있었다.

　이는 곧 우리 용에게도 비막이 필요하다는 뜻이다. 성장하면서 자연스럽게 성체가 되어서도 유지되는 비막이 발달하는 박쥐나 새, 날다람쥐 같은 동물을 기반으로 용을 만들거나, 그렇지 않은 동물로 시작해 비막을 만들어줘야 한다. 비막 만들기는 생각보다 그리 어렵지 않을 수도 있다. 심지어 인간에게도 태아기에 미발달 비막이라고 할 수 있는 것이 있기 때문이다. 도대체 무슨 말이냐고?

　비막은 기본적으로 손가락 사이에서 자라는 피부막이다. 인간 태아의 손은 일반적으로 임신 기간에 성장하는데 처음에는 물갈퀴 모양이다. 비막과 비슷한 물갈퀴는 태아가 세상에 태어나기 전에 사라진다. 하지만 발달 과정에 문제가 생겨 신생아가 그런 손을 가지고 태어나는 경우도 드물게 존재한다. 인간을 비롯한 거의 모든 척추동물은 태아기의 어느 시점에 비막이 될 수도 있는 물갈퀴를 가지고 있다. 예를 들어 사람의 경우 앞서 말한 것처럼 물갈퀴를 이루는 세포가 대부분 출생 전에 죽는 세포예정사apoptosis가 일어난다. 물갈퀴 없이 태어나는 다른

---

* 　https://www.nytimes.com/2019/02/01/science/pink-squirrels-glow.html

동물도 같은 일을 겪는다.

　인간을 포함해 물갈퀴가 없는 동물은 물갈퀴의 세포가 예정대로 죽지만 가끔 그렇지 않을 때도 있다. 그래서 간혹 '물갈퀴'를 가지고 태어나는 사람들이 있는데 수술로 간단하게 제거할 수 있다. 사실 엄지와 검지 사이에 약간 느슨한 피부가 있다(지금 바로 만져보길). 상상력을 조금 발휘하면 비막이라고 생각할 수 있다.

　손발가락 붙음증syndactyly이라는 것이 있다. 동물(혹은 사람)의 손가락이나 발가락이 분리되어 있지 않고 둘 또는 그 이상이 붙어 있는 것을 말한다. 증상이 심하지 않아 일부만 붙어 있는 경우 나머지 손가락이나 발가락 사이에 물갈퀴가 두드러지게 남아있을 수 있다. 따라서 용을 만들 때 세포예정사를 억제하면 물갈퀴가 뚜렷해져 비막을 만들 수 있고, 여기에 '손가락' 뼈를 늘려주면 날개를 만들 수 있다. 하지만 세포예정사를 어떻게 멈출 수 있을까? 화학물질이나 유전공학으로 억제할 수 있다. 날지 못하는 동물을 바탕으로 용을 만든다면 이 방법으로 비막을 만들어줄 수 있다.

　오리나 다른 새를 비롯한 일부 동물은 다 자라서까지 발에 물갈퀴가 남아있도록 진화했다. 이런 동물들에게는 세포예정사가 광범위하게 일어나지 않는다. 물갈퀴는 진화를 통해 추가로 얻은 중요한 생존 도구이기 때문이다. 물속에서 더욱 힘차게 헤엄치게 하는 등 발이 특정한 기능을 수행하도록 해준다.

다수의 새와 일부 파충류는 이미 어느 정도의 물갈퀴를 가지고 있으므로 출발점으로 삼을 동물의 물갈퀴를 유지하거나 확장하면 용에게 비막을 만들어줄 수 있다.

하지만 비막만 있다고 전부는 아니다. 하늘을 나는 척추동물은 팔과 '손'의 뼈가 특별해야 한다. 비막이 충분히 추진력을 내어 날아오르도록 퍼덕거릴 수 있을 만큼 손뼈가 길어야 한다. '손'에 따옴표를 넣은 이유는 대개 하늘을 나는 동물들의 손뼈가 날개의 일부를 이루기 때문이다. 용의 날개를 받쳐줄 기다란 팔과 손가락에 어울리게끔 팔과 손을 성장시키면 된다. 날개의 발달에 개입하는 여러 유전자가 있다. 곤충(초파리)에서 박쥐와 새에 이르기까지 다양한 동물에 그 유전자가 보존되어 있다. 여기에서 '보존'되었다는 것은 서로 완전히 다른 유기체가 똑같은 유전자를 갖고 있다는 뜻이다. 보통의 DNA가 약간 다르다.

실제로 그중에 우리의 팔과 다리 성장에 개입하는 유전자가 있지만 비행 동물의 경우 이 유전자가 특별한 기능을 수행한다 (그림 2.7). 예를 들어 특정 유전자는 팔뚝, 특히 '손'에 특수한 뼈가 다르게 자라도록 하여 비행을 가능하게 하고 체중을 줄여준다. 비행 동물에게 일어나는 이 독특한 유전자 활동은 일부 유전자가 매우 활성화되는 특징을 띤다. 이를 유전자의 '스위치가 켜진다' 또는 유전자가 '발현된다'고도 한다. 이 유전자의 활동 패턴은 비행 동물에서 뚜렷하다. 팔과 손이 성장하면서 특

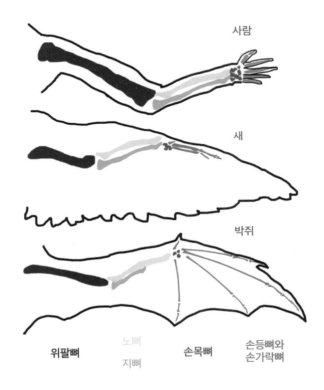

사람

새

박쥐

| 위팔뼈 | 노뼈
지뼈 | 손목뼈 | 손등뼈와
손가락뼈 |

그림 2.7 인간과 새, 박쥐의 팔/날개뼈를 비교해 유사점을 강조한 그림.
애리조나 주립 대학교의 '생물학에게 묻다' 스케치에서 영감을 얻었다.*

---

* https://askabiologist.asu.edu/human-bird-and-bat-bone-comparison

정한 시기와 장소에서 스위치가 켜진다.

특히 혹스-D11이라는 흥미로운 유전자가 있다. 이는 사지 패턴을 형성하는 유전자가 언제 어디에서 발현될 지를 제어하는 유전자. 예를 들어 인간과 다른 동물의 혹스-D11은 사지 발달 과정에서 뼈의 형성을 통제한다. 하지만 그 유전자가 어디에서 발현되는 지는 날 수 있는 동물인지 날지 못하는 동물(이를테면 악어, 생쥐² 그리고 인간인지)에 따라 다르다. 혹스-D11 같은 유전자의 수위를 알맞게 조절한다면 날지 못하는 동물에도 날개를 만들어줄 수 있다.

위로 뜰 수만 있다면

새가 어떻게 날 수 있는지에 대한 질문으로 돌아가보자. 새에게는 비막 외에 하늘을 나는 데 중요한 특징이 또 있다. 강력한 흉근, 가벼운 체중, 가볍고 속이 빈 뼈, 그리고 다양한 종류의 깃털 말이다. 새는 날개와 깃털로 뒤덮인 비막으로 추진력을 낸다. 이때 강력한 흉근을 이용해 날개를 퍼덕인다. 이 과정을 통해 공중에 뜰 수 있다. 일단 공중에 떠오른 후에는 조건에 따라 날개를 퍼덕이거나 위로 솟아오른다.

공룡과 새의 진화 과정에서 특정한 날개 모양이 수백만 년 동안 거의 비슷한 형태로 유지되었다.* 예를 들어 새의 날개는 날개의 위쪽과 아래쪽으로 공기를 옮겨 하늘에 뜰 수 있도록 설계되었다. 비행기 날개에도 비슷한 원리가 사용된다. 종이비행기를 만들어본 사람은 알겠지만 비행기의 모양, 디자인, 그리고 날개를 제대로 만들기가 쉽지 않다. 잘못 만들면 비행기가 진로를 벗어나 추락한다. 용이 제대로 하늘을 날려면 날개가 제대로 설계되어야 한다는 뜻이다.

날 수 있는 새로 용을 만든다면 몸집을 키우는 것 말고는 날개에 별다른 변화를 줄 필요가 없을 것이다. 하지만 도마뱀처럼 날지 못하는 동물에서 출발해 용을 만든다면 날개를 어떻게 제대로 설계할 수 있을까? 인공지능을 이용해 용의 날개를 가장 효율적으로 설계할 수 있을 것이다. 엔지니어도 인공지능으로 비행기를 설계한다.

비행기와 하늘을 나는 유기체는 몇 가지 공통점이 있다. 양력lift도 그중 하나다. 양력이 정확히 무엇일까? 양력은 논란이 많아 공부하기도 설명하기도 무척 어려운 개념이다. 우리는 NASA 웹사이트에서 양력에 관한 정보를 많이 찾아보았지만** 달나라에 사람을 보낸 전문가들도 양력의 원리를 잘 모른다. 본인은 잘 이해하는 듯하지만 적어도 우리에게 명확하게 설명해주지는 못하는 것 같다.

*   https://evolution.berkeley.edu/evolibrary/article/evograms_06

**   https://www.grc.nasa.gov/www/k-12/airplane/lift1.html

새로 용을 만든다면

새를 시작 동물로 삼아 용을 만든다고 해도 선택해야 할 것이 많다. 어떤 종을, 얼마나 많은 종을 이용해야 할까? 최근 연구에 따르면 전 세계에 서식하는 새는 어림잡아 20,000종에 이른다.[3] 그중에는 이름도 정보도 없는 종도 많다. 따라서 어떤 새로 용을 만들어야 할지는 선택하기 어렵지만 대략적인 구상은 있다.

우선 우리 용은 날 수 있어야 하므로 날 수 있는 새여야 한다. 펭귄아, 미안! 펭귄은 정말 귀엽고 멋지지만 용을 만드는 데는 활용될 수 없다. 펭귄을 닮은 용이 얼음 위를 미끄러져 바다로 풍덩 뛰어드는 모습을 볼 수 없어 아쉽지만 말이다. 날지 못하는 타조와 에뮤도 탈락이다. 얼마 전에 치타가 타조를 사냥하는 다큐멘터리 프로그램을 보았다. 타조 한 마리가 불행한 운명을 맞이했다. 그 타조가 하늘로 날아올라 치타에게 불을 뿜었다고 상상해보라!

또한 용에 걸맞은 크기여야 하므로 어느 정도 큰 새여야 한다. 그러니까 벌새는 탈락이다. 하지만 벌새가 먹이통에 담긴 먹이가 마음에 안 들어서 불을 내뿜는 모습은 상상만 해도 웃음이 나온다. 얼마 전에 〈뉴욕 타임스〉 기사와 영상에서 '귀여운' 벌새가 서로 경쟁할 때는 험악하게 싸우는 것을 보았다.* 서로 싸워야 해서 부리가 발달했을지도 모른다. 콘도르 같은 맹금류나 앨버트로스(날개가 3.3미터에 이른다)처럼 커다란 새도 좋은 선택지가 되겠지만 우리는 멸종 위기에 처한 동물을 이용하고 싶지 않다.

새를 토대로 용을 만든다면 몸이 크고 비행 실력이 뛰어나며 번식이 빠른 종을 선택할 것이다.

깃털 달린 용

깃털이 하늘을 나는 데 도움이 될까? 새는 깃털이 있고 시조새처럼 고대의 익룡도 깃털이 있었다(그림 2.8 참고). 깃털은 비행에 도움이 되지만 날기 위해 꼭 필요한 것은 아니다(박쥐와 잠자리처럼 깃털 없는 동물도 잘만 날아다닌다).

공룡과 새의 조상에는 깃털이 달려있기도 했지만 익룡에는 없었던 것으로 추측된다. 피크노 섬유pycnofiber라는 털 비슷한 보송보송한 조직이 온몸을 덮고 있기는 했다. 최근 연구에서 피크노 섬유가 깃털과 매우 유사하며 익룡의 공기역학에도 영향을 끼쳤으리라는 주장이 나왔다.**

재미 삼아 우리 용에도 깃털이나 피크노 섬유를 입혀줄 수 있다. 실용적인 측면에서 따져보면 제대로 설계한 깃털은 용의

---

* https://www.nytimes.com/video/science/100000006321699/how-the-hummingbird-bill-evolved-for-battle.html?searchResultPosition=1
** https://www.nature.com/articles/s41559-018-0728-7

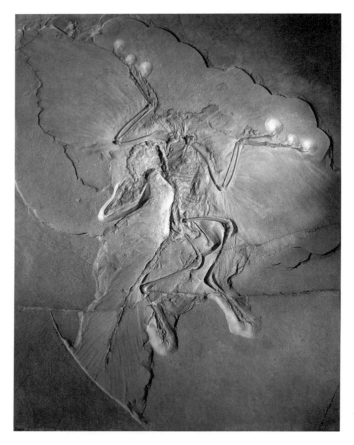

독일 베를린 자연사박물관에 전시된 시조새 화석.

비행 능력에 도움이 될 것이다. 그래서 깃털도 만들어주기로 했다. 깃털이 있으면 용이 더 강해보일 것이다. 물론 잘못하면 오히려 어벙해(귀엽게 느껴질 수도 있지만) 보일 수도 있으니 조심해야 한다.

그렇다면 깃털이란 정확히 무엇일까? 깃털은 털과 피부의 혼합물이라고 할 수 있다. 털은 물론 손톱도 기본적으로 피부의 다른 유형이며 연장선이라는 사실을 기억해야 한다. 놀랍게도 구조적 측면에서 털은 도마뱀 같은 동물의 비늘과 깊게 연관되어 있다. 분자 측면에서 깃털은 여러 요소로 이루어지지만 기본적으로 인간의 피부와 털을 이루는 가장 보편적인 단백질인 케라틴으로 구성된다.*

미국 야생동물 보호단체 오듀본 협회Audubon Society의 설명**은 깃털의 놀랍고 복잡한 특징이 잘 나와 있다.

> 깃털을 나무라고 생각하자. 조류학자는 나무 몸통, 즉 깃털의 가운데에 있는 텅 빈 중심대를 우축羽軸이라고 부른다. 우축에서 뻗어나오는 수많은 가지를 깃가지라고 하며, 날개와 꼬리를 이루는 깃털에서 깃가지는 또 잔가지로 나뉜다. 작은 깃가지인 셈이다. 날개깃에서는 깃가지가 똑같은 면에서 자란다. 과일나무가 햇빛이 잘 드는 벽에 바짝 붙어서 자라는 것과 마찬가지다. 작은 깃가지들은 서로 갈고리로 연결되어 매끄럽고도 놀랄 정도로 빳빳한 표면을 이룬다. 이는 내구성을 높이면서 유선형의 공기역학적 형태를 유지하는 데 필요하다. 반면 솜깃털의

---

*   https://www.sciencelearn.org.nz/resources/308-feathers-and-flight
**   https://www.audubon.org/news/the-science-feathers

깃가지는 마구잡이지만 질서가 있는 방식으로 꼬여있어서 공기를 가둘 수 있어 단열 기능이 우수하다.

피부, 손발톱, 비늘, 그리고 깃털에는 모두 '케라티노사이트 keratinocyte'라는 세포 유형이 나타난다. 여기에서 '사이트cyte'는 세포를 뜻하므로 케라티노사이트는 '케라틴 세포'라는 의미다. 수백만 개의 케라티노사이트가 세포판을 만들고 부분적으로 그 판의 배치가 세포 조직이 피부나 깃털, 털 중 어떤 것으로 발달할 것인지 결정한다. 깃털에는 털처럼 모낭이 있어서 빠지면 새 것으로 교체된다.[4]

깃털 달린 최초의 동물은 새가 아니라 공룡의 일종인 수각류다. 티라노사우루스 렉스도 여기에 속하는데 티라노도 깃털이 있었는지는 확실하지 않다. 수각류는 날지 못했지만 깃털이 단열 기능을 수행했던 것으로 보인다. 어쩌면 깃털은 구애할 때 쓰였을 수도 있다.

칼 짐머는 저서 《더 탱글드 뱅크》에서 깃털과 비행의 진화를 훌륭하게 다룬다.[5] 그는 다윈의 기념비적인 저서 《종의 기원》이 출판되고 1년 후인 1860년, 독일에서 시조새의 화석 골격(그림 2.8)이 발견되었다는 놀라운 우연을 지적한다. 그 화석을 살펴본 전문가들은 깜짝 놀랐다. 화석에서 새와 파충류의 특징이 모두 나타났기 때문이다. 하지만 시간이 지나면서 그 화석은 생물학자들에게 멸종된 새와 공룡이 현재의 새와 진화적으로 연관이 있다는 새로운 통찰을 주었다.

시조새는 새와 공룡의 연결고리로서 진화의 징검다리였다고 할 수 있다. 날개와 깃털이 있는 시조새가 정말 날 수 있었을 까? 2018년에 발표된 보고서를 비롯해 다양한 연구는 시조새가 날 수 있었다는 주장을 뒷받침한다.[6] 하늘을 나는 용을 만들려는 우리에게도 반가운 소식이 아닐 수 없다.

새에서 알 수 있듯이 깃털에는 다른 쓰임새가 많다. 추위를 막아주는 단열 기능이나 구애용 과시 행동처럼 말이다. 아마 깃털 달린 공룡들도 그렇게 깃털을 사용했을 것이다. 우리 용에게 깃털이 있다면 비행 외 용도로 사용할 수 있을 것이다.

공룡은 지구상에 존재한 최초의 깃털 달린 동물이었지만 대부분이 깃털을 비행에 사용하지 않았다는 것은 모순이다. 하지만 엄밀히 말해서 공룡은 아닌 프테라노돈은 깃털이 없어도 비행 실력이 탁월했을 가능성이 크다. 이 점에 대해 칼 짐머는 이렇게 적었다.

과학자는 새의 가장 가까운 친척인 깃털 달린 공룡을 연구해 비행의 진화에 대한 가설을 세울 수 있다. 일부 깃털 달린 수각류의 경우, 날 수 있기도 전에 포식자에게서 도망치거나 먹이를 사냥하기 위해 깃털을 이용한 날갯짓이 진화했을 수도 있다. 깃털 달린 공룡 가운데 덩치가 작은 혈통이 깃털을 퍼덕거려 속도를 높이다가 하늘을 날게 되었을지도 모른다.

날개와 깃털이 실제로 하늘을 나는 기능이 생기기도 전에 진화했을 수도 있다니 무척 흥미롭다.

깃털 비행은 우연이 아니니까

날개와 깃털을 모두 가진 용을 만들려면 크리스퍼 유전자 편집 기술을 이용해 유전자 활동(발현)을 바꿀 필요가 있다. 생물학자 중정밍이 이끄는 연구팀은 피부의 비늘을 깃털로 바꾸는 데 필요한 유전자를 발견했다.[7] 이 성장 유도 분자와 깃털 형성 유전자는 Sox2, Zic1, Grem1, Spry2, Sox18 처럼 나한테는 재미있는 이름을 가지고 있다. 연구에 따르면 이 분자들은 세포에 깃털 달린 공룡의 화석에서 발견된 사상 부속체 filamentous appendage(길고 얇은 튜브 구조)를 만들라고 지시할 수 있다. 이 가는 실은 아주 작은 깃털을 닮았다. 연구자들은 이 유전자가 깃털 진화 단계를 풀 열쇠일 수 있다고 추측한다.

익룡이 어떻게 날 수 있게 되었고 최초의 비행 척추동물로 진화했는지에 대한 수많은 가설이 나왔다. 역시나 특정 유전자의 행동 패턴이 바뀌어 기존의 조직과 뼈, 근육이 하늘을 나는 데 적합하도록 커진 것으로 보인다.[8]

멸종한 공룡은 어떤 유전자를 가지고 있었을까? 안타깝게도 알기 어렵다. 영화 〈쥬라기 공원〉과 일부 과학 간행물에서[9] 화석에서 공룡 DNA를 추출할 수 있다고 주장하지만 현실적으로 불가능하다. 아주 작은 조각이라도 공룡의 DNA를 추출해 연구하거나 사용할 수 없다. DNA가 오래전에 분해되었기 때문이다.[10] DNA가 아무리 끈질겨도 몇 억년의 세월이 지나면 분해될 수밖에 없다.

오래되지 않은 DNA는 연구할 수 있지만 공룡 DNA를 사용하거나 연구하는 것은 불가능하다. 미래에 화석에서 공룡 DNA를 읽을 수 있는 혁신적인 기술이 나오거나 어딘가에서 온전한 상태의 공룡 DNA가 발견되기를 바라는 수밖에 없다. 그런가 하면 새의 유전체가 공룡에 대한 유용한 정보를 준다는 주장도 있다. 현대의 공룡인 새의 DNA가 곧 공룡의 DNA라고 말하는 사람도 있다.

다시 과거로 돌아가면, 지구 최초의 비행 생명체는 곤충이었다. 여기서 '비행'이란 그냥 활공하거나 바람에 실려 다니는 것이 아니라, 의도적으로 날개를 움직여 날아다니는 것을 말한다. 곤충의 조상은 날지 못해 땅에서만 활동했지만 후손들은 날개로 날아다니는 능력이 진화해 완전히 새로운 세상이 열렸으리라고 상상해볼 수 있다. 과학자들은 특정 유전자를 활성화해 곤충의 날개를 추가로 만드는 데 성공했다.* 따라서 우리 용에도 완전히 새로운 날개를 만들어줄 수 있을 것이다. 적어도 이론적으로는 가능하다.

---

* https://www.nytimes.com/2018/03/26/science/insect-wing-evolution.html

1980년대와 1990년대에 초파리를 연구하던 생물학자들은 날개 발달에 관여하는 다양한 유전자를 발견했다. 집안에서 바나나 같은 과일 주변을 날아다니는 무해하지만 성가신 작은 벌레를 본 적이 있을 것이다. 초파리는 연구에 매우 유익하다. 특히 노랑초파리는 실험실에서 이루어지는 대부분의 연구에 사용된다. 과학자들은 날개 유전자를 제거해(이를 녹아웃knock-out기법이라고 한다) 비행 기능을 완전히 없애고 심지어 날개가 아예 없는 초파리도 만들었다. 좀 너무한 것처럼 느껴지기도 하지만 덕분에 곤충의 비행에 관한 중요한 요인을 발견할 수 있었다.

비행에 관여하는 한 유전자에 '윙리스(날개없음)'이라는 이름이 붙었다. 그 유전자를 제거하면 초파리에 날개가 생기지 않기 때문이었다(다른 초파리인 제주흑점초파리의 날개 없는 버전은 **그림 2.9** 참고). 곤충 및 인간처럼 날지 못하는 동물을 포함한 다른 동물에서도 윙리스와 비슷한 유전자가 발견되었다. 윙리스와 비슷한 유전자들은 서로 닮은 점이 많아 '유전자군gene family'을 이룬다. 그 인간과 날개 없는 동물의 유전자에 '윈트Wnt'라는 이름이 붙었다.

윈트 유전자는 단지 날개를 만들지 않는 것 외에 동물 발달의 여러 측면에 매우 중요하다고 밝혀졌다.[11] 그 유전자에 변화를 주면 심각한 결과가 나올 수 있다는 뜻이다. 이를테면 동물의 발달 과정이 아예 엉망진창이 되거나 특히 윈트 유전자가 너무 활성화될 경우 암 같은 문제가 발생할 수도 있다. 따라서

그림 2.9 날개 없는 초파리(상)와 날개 있는 초파리(하).

유전자 편집으로 이 유전자들을 바꾸려면 의도하지 않는 결과가 나오지 않도록 특별히 주의를 기울여야 한다.

2018년에 개봉한 액션 영화 〈램페이지〉에서는 유전자 편집 기술 사고로 괴물이 탄생한다. 늑대에 비막이 생겨 하늘을 날아다닌다. 상영 당시 나는 그 영화에서 묘사된 크리스퍼 유전자 편집 기술이 말도 안 된다는 내용의 기사를 썼다.* 하지만 이론상으로는 유전자 편집을 이용해 도마뱀 배아로 날개 달린 도마뱀을 만드는 등 변이를 일으킬 수 있도록 세심하게 계획된 프로젝트기는 했다.

하지만 날개 없는 동물이 왜 다른 동물에게는 날개를 만들어주는 똑같은 유전자를 갖고 있을까? 자연이 유전자를 이용해 다양한 과정을 규제하기 때문이다. 예를 들어 하나의 유전자 혹은 유전자군은 여러 과정을 통제하거나 영향을 줄 수 있다. 진화는 이런 방식으로 매우 효율적이다. 여러 종의 윈트 유전자는 직접적인 '비행 유전자'나 '날개 유전자'가 아니라 전반적으로 특정한 신체 부위에 올바른 정체성과 기능이 발달하도록 도와준다고 할 수 있다. 하지만 윈트 유전자군과 다른 유전자들이 용에게 날개를 만들어줄 수 있을지도 모른다.

용의 크기

비행을 고려하지 않는다면 용은 대략 얼마나 커야 할까? 사람들이 혼비백산해서 "용이다! 도망쳐!"라고 반응할 정도는 되어야 하므로 우리 용은 프테라노돈만큼 커야 한다. 경비행기 정도의 크기다. 크기에 비하면 몸무게가 몇백 킬로그램 밖에 되지 않을 정도로 예상보다 가벼울 것이다. 하지만 신화나 현대의 드라마에 나오는 용은 크기가 제각각이다. 엄청나게 큰 것도 있고 작은 고양이나 사람만 한 것도 있다(**그림 1.2**에서 성 조지

---

* https://www.statnews.com/2018/08/15/movies-that-got-science-wrong/

가 해치운 용도 비교적 작은 편이다).

이론적으로 용을 작게 만드는 것도 가능하다. 비행에 관련된 물리 법칙과 생물학적 제약을 고려한다면 그편이 더 유용할 수도 있다. 작은 새만 한 초소형 용을 여러 마리 만들 수도 있다. 드론 군대처럼 합동으로 불을 뿜어내는 식으로 활동하면 크기가 작아도 치명적일 수 있다. 동물의 표면과 질량의 관계를 고려하면(모든 유기체 모델에서 질량이 표면보다 빨리 커진다) 작은 생명체가 기능적으로 더 뛰어난 경향이 있다.

용의 크기가 커질수록 질량을 지탱하는 표면이 적어지므로 질량의 압력이 커져서 공격은 물론이고 비행 같은 일상적인 생활에 대한 스트레스에도 취약해진다. 하지만 프테라노돈이 실제로 존재했고 비행 능력이 탁월했다는 과학자들의 주장은 우리에게 힘을 실어준다.

용의 집은 어디일까?

덩치가 프테라노돈만 하거나 더 크고 하늘을 날아다니는 용은 현실적으로 다른 문제가 있다. 가장 힘든 문제는 용의 집을 어디에 만들어주느냐다. 덩치가 크면 집도 커야 할 테니 말이다. 탁 트인 산 위에 마련된 용의 둥지(독수리 같은 커다란 맹금류는 대부분 높은 곳에 둥지를 튼다)는 상상만으로는 멋지지만 현실은 시궁창이다. 먼 곳에서 사는 용이 매번 우리를 데리러 오거나 우리

가 용을 만나러 산꼭대기로 가야 한다. 제트팩을 입거나 엄청나
게 빠른 스키 리프트 또는 엘리베이터가 없으면 무척 힘들 것이
다. 게다가 용이 아무리 높은 곳에 둥지를 틀어도 적에게 공격
받거나 비행기로 납치당할 수 있다. 하지만 외딴곳의 둥지는 멋
진 데다 용을 어느 정도 지켜줄 수 있을 것이다.

외딴 둥지를 마련해주는 방법도 아예 배제할 수 없지만 용에
게는 실내의 집이나 적어도 산속의 동굴 같은 것이 필요하다.
이상적으로는 우리가 사는 집에서 가까운 것이 제일 좋다. 처음
에 용을 만들어 키우며 훈련할 때는 최대한 숨겨야 한다. 용뿐
만 아니라 다른 사람들의 안전도 고려해야 한다. 커다란 창고나
비행장처럼 하늘을 날거나 불을 뿜는 연습을 할 수 있는 공간
이 좋을 것이다. 그리고 용의 집은 특히 통풍이 잘 돼야 한다!

망해봐야 죽기밖에 더 하겠어

하늘을 나는 용을 만들 때 생길 수 있는 여러 문제는 이미 살펴
보았다. 하지만 비행과 관련해 여러 다른 문제도 있을 수 있다.
우선 용이 아예 날지 못할 수도 있다. 실망스럽겠지만 그래도
여전히 무서운 괴물이다. 용이 날지 못하는 이유는 몸이 너무
무거워서 날개가 나는 데 필요한 양력을 만들지 못하기 때문일
수 있다. 드라마나 영화에 나오는 용처럼 크게 만들면 아무리
날개가 커도 절대로 날지 못할 것이다.

용이 45~90킬로그램 정도의 중간 크기여도 날개가 너무 작거나 근육이 약하면 날지 못한다. 용이 날 수 있어도 제대로 착지하지 못한다면 살짝 부딪히는 것부터 완전히 철퍼덕 추락하는 불상사까지 어떤 일이든 생길 수 있다. 용이 나는 도중에 여러 문제가 생기면 등에 탄 우리도 땅에 철퍼덕 떨어질 수 있다 (낙하산이 펴지지 않는 것처럼).

가장 덩치가 큰 비행 동물은 너무 무거워서 뜨는 힘이 부족해 처음부터 평지를 날지는 못했을 가능성이 크다.* 대신 처음에는 언덕을 내려가거나 절벽에서 떨어지면서 활공했을 것이다. 인간이 행글라이더를 타는 것처럼 말이다. 과학 웹사이트 '기즈모도Gizmodo'에 실린 기사에는 날개가 6미터나 되었던 가장 큰 새 펠라고르니스 샌데르시P. sandersi에 대한 흥미로운 내용이 나온다.

2500만~2800만 년 전에 하늘을 날아다닌 펠라고르니스 샌데르시는 종이처럼 얇은 텅 빈 뼈, 뭉툭한 다리, 그리고 커다란 날개가 있었는데 모두가 '비행'의 지표다. 연구자들이 컴퓨터 프로그램에서 이 커다란 새의 비행 모습을 재현해보니 최대 시속 40마일(시속 약 64킬로미터)까지 날 수 있는 거대한 행글라이더와 같았다.

* https://gizmodo.com/worlds-largest-flying-bird-was-twice-the-size-of-todays-1601476721

용이 아무런 문제 없이 날고 착지할 수도 있지만 화가 나거나 지겨워져서 우리를 공중에서 떨어뜨릴지도 모른다. 따라서 용을 타거나 용에게 나는 법을 가르칠 때 처음에는 낙하산을 준비해야 할 수도 있다. 하지만 낙하산이 펴지기도 전에 땅바닥에 부딪힐 거리라면 아무런 도움도 되지 않는다. 따라서 비행 문제에 관해서는 용에게도 우리에게도 위험이 따른다. 이런저런 점을 생각하면 용이 날지 못 하는 편이 좋을 수도 있겠지만, 그래도 우리 용은 꼭 날 수 있어야 한다. 그래야 멋있으니까.

치트키 쓰기

우리 용은 분명 능숙하게 하늘을 날 테지만 확신할 수는 없다. 그런 상황이라면 편법을 써야 할 수도 있다. 날개를 연장해서 용이 위로 올라가는 양력을 내도록 도와주는 것도 한 방법이다. 용이 날갯짓으로 혼자 필요한 힘을 내지 못한다면 제트팩 같은 추진 시스템을 부착해줄 수도 있다. 혹시나 용이 길을 잘 찾지 못하고 이리저리 헤맨다면 인공위성 기반의 GPS를 달아주는 것쯤은 편법이라 할 수도 없다. 이보다 더한 일도 수두룩하니까.

날개 한 큰술의 맛

결국은 편법을 쓰지 않아도 용이 제대로 날도록 해줄 수 있을 것이다. 날아다니는 용을 상상하거나 영화에서 보는 것도 멋지지만 실제로 보면 더욱 환상적일 것이다. 게다가 진짜 용을 타고 날아다니는 상상을 해보라.

3장

불타오르네! 우러짐이…?

Fire!

용에게 불을

앞서 이야기한 것처럼 용이 정말로 용처럼 생기고 우아하게 하늘을 날 수 있다면 이 프로젝트가 순조롭게 나아간다고 할 수 있다. 지금까지 비행 생명체는 수없이 많았고 그중에 용과 닮은 것들도 약간 있었다. 이미 앞에서 코모도와 박쥐 등을 살펴보았다. 하지만 생김새와 비행 능력을 해결한다고 용 만들기 프로젝트가 완성되었다고 할 수 있을까?

아니다. 남은 일이 많다! 이 시점에서 멈추어도 우리 '용'은 전적으로 새롭고 흥미로운 동물이겠지만 아직도 해내야 할 일이 많다. 이번에 해야 할 일은 용을 날게 만드는 일보다 훨씬 더 힘들다. 살아있는 생명체 중에 불을 내뿜는 생명체는 없으니까.

인간은 수천 년 전부터 불 뿜는 용을 상상했다. 중국의 신년 행사(그림 3.1)에 나오는 용처럼 매우 인상적인 모습도 있다. 또한 인간 스스로 불을 내뿜는 척하기도 했다(그림 3.2). 하지만 실제로 불을 뿜어내는 생명체가 있다고 상상해보자. 상상만으로도 놀랄 것이다. 불을 뿜는 진짜 용이 바로 눈앞에 있다면 어떨까? 그 숨결의 열기가 확 느껴질 것이다(물론 안전한 거리에 떨어져 있을 때).

실제로 불을 뿜는 생명체가 지구상에 존재한 적이 없는데 어떻게 우리 용에게 불을 선사할 수 있을까? 살아있는 생명체를 시작 동물로 삼아 생명 공학으로 불 뿜는 능력을 만들어야 하

그림 3.1 2003년 중국 신년 행사에서 선보인 불을 뿜는 용.

그림 3.2 입안이 타지 않도록 특별한 방법을 써서 불을 내뿜는 사람.
용이 불을 뿜게 해주는 방법에 유용할 수 있다.

는데 세상에는 그럴 만한 생명체가 없다(화석 기록의 역사에서도 찾아볼 수 없다). 실제로 어떤 생명체가 불을 뿜는다는 것은 상상조차 불가능한 일인지도 모른다.

확실히 힘든 과제임은 분명하지만 불가능하지는 않다. 서커스 단원처럼 불을 뿜는 사람들을 생각해보면(**그림 3.2** 참고), 스스로에게 치명상을 입히지 않으면서 충분히 가능한 일임을 알 수 있다. 불을 뿜는 사람에게서 우리의 용에게 불 뿜는 능력을 부여하는 데 유익한 힌트를 발견할지도 모른다.

우리는 영감을 얻기 위해 영화 〈호빗〉에 나오는 용 스마우그를 비롯해 다른 사람들이 불을 뿜는 용의 모습이나 원리를 어떻게 묘사했는지 살펴보았다. 특히 《사이언티픽 아메리칸》에 실린 카일 힐의 기사가 우리들의 생각에 큰 영향을 주었다.* 물론 우리가 직접 떠올린 아이디어도 있다.

그럼 이제부터 단계별로 용의 '불꽃' 레시피에 도전해보자.

불꽃의 연료

우리가 처음 떠올린 의문은 과연 용이 내뿜을 불꽃에 어떻게 연료를 제공할 것인가였다. 용이 큼지막한 가연성 물질을 짊어

---

* https://blogs.scientificamerican.com/but-not-simpler/smaug-breathes-fire-like-a-bloated-bombardier-beetle-with-flinted-teeth/

지거나 계속 연료를 재충전하지 않고서 어떻게 불을 만들어낼 수 있을까?

우리가 용의 목구멍을 계속 쑤셔가며 불꽃을 살려야 한다면 팔을 잃거나 목숨이 위험할 수도 있다. 용에게도 끔찍한 일이다. 그렇다고 용이 제트기처럼 날개에 연료를 저장할 수도 없는 일이다. 그래야 한다면 용에게도 무척 귀찮은 일이고 자동차처럼 매번 주유소에 들러 연료를 채워야 하니 우리에게도 귀찮은 일이 아닐 수 없다.

"만땅이요!"

우리가 용에 탄 채로 주유소에 들르면 주유소 직원이 놀라서 뒷걸음칠 것이다. 용이 콧구멍에서 고리 모양의 연기를 뿜어내는 것을 보면 다른 차들은 잽싸게 도망가고 주유소 직원은 이렇게 소리칠 것이다.

"여기서 담배 피우면 안 돼요!"

연료를 채우는 데 드는 돈도 엄청날 것이므로 이 방법은 탈락이다. 그렇다면 우리 용은 무엇을 연료로 삼아야 할까? 아마도 최선의 답은 가스가 될 것이다! 자동차에 넣는 휘발유 대신 LPG 같은 가연성 가스 말이다.

그렇다면 또다른 문제가 생긴다. 도대체 어떻게 용에게 가스를 집어넣어야 할까? 그리고 가스를 어떻게 '재생가능자원'으로 만들 수 있을까? 용이라면 전쟁에서는 끊임없이 화염을 발사하고 인간과 캠프파이어를 할 때에는 마시멜로를 구워주는 등 원할 때마다 불을 뿜어낼 수 있어야 한다.

메탄가스가 떠올랐다. 메탄은 인간을 포함해 여러 동물의 소화 과정에서 발생하는 가연성이 매우 높은 가스다. 따라서 별다른 문제나 복잡한 생명 공학, 혹은 사이보그 해킹 없이 용의 몸속에서 자연적으로 생산할 수 있는 논리적이고 실용적인 선택이 될 것이다.

그러자면 우리의 용은 가스를 엄청나게 많이 생산해야 한다. 하지만 유난히 메탄가스를 많이 생산하는 동물이 실제로 존재하므로 문제가 되지 않는다. 예를 들어 소가 그렇다. 소는 용과 전혀 상관없는 동물처럼 보이지만 메탄가스를 많이 생산하는 소의 위장에서 유익한 정보를 얻을 수 있다. 한마디로 '소의 반추위(포유류 소목의 일부에서 볼 수 있는 특수한 소화관)에 답이 있다'고 생각해야 할지도 모른다.

소는 우선 풀이나 다른 음식에 들어 있는 거친 섬유질을 반추위에서 소화하고 '제1위액'(참 이상한 이름이다)이라는 것을 생산한다. 이 과정에서 다량의 메탄이 배출된다. 실제로 소가 배출하는 메탄가스는 온실가스와 기후 변화에 커다란 비중을 차지한다고 알려졌다.

이렇게 소화 과정에서 자연적으로 생산되는 메탄은 소의 반추위에서 미생물에 의해 변화한다. 소는 인간과 달리 위가 여러 개 있는데, 섭취한 음식이 처음 도달하는 곳이 바로 반추위다. 반추위는 소의 '제1위'라고 생각하면 된다. 반추위는 소와 비슷한 다른 반추동물에서도 발견된다. 이곳에서 소화가 시작되고 질긴 음식물이 분해, 발효된다. 다양한 미생물이 그 과정을 돕는다.

우리는 용에게도 유익한 세균이 살고 발효가 이루어지는 반추위 같은 것이 필요하지 않을까 생각했다. 대부분 동물에는 반추위가 없더라도 소화계에 다양한(아마도 수백 가지에 이르는) 미생물이 산다. 음식물을 분해하고 발효를 일으켜 가연성 가스를 만들어낼 수 있을지도 모른다. 발효는 미생물 같은 유기체가 화학물질을 에탄올로 바꾸는 과정을 말한다. 에탄올은 와인 같은 술에 들어 있는 알코올의 일종이다. 알코올은 취하게 할 뿐 아니라 가연성도 강하다.

이상한 일이지만 어떤 동물은 위장에 미생물이 없다고 알려졌다. 하지만 아직 논쟁의 여지는 있다. 예를 들어 한때 새는 장내 미생물이 아예 없다고 알려졌지만 최근 연구에서는 그 존재를 시사했다.[1] 하지만 애벌레처럼 지구상에서 가장 흔한 초식동물은 정말로 장내 미생물이 없는 듯하다.* 곤충의 장에도 미생물이 있는데 아직 발견되지 않은 것뿐일까?

인간의 건강에도 장내 미생물이 매우 중요하다고 알려졌다. 물론 가스 생산에도 중요하다! 하지만 실험해볼 수 없으므로

---

* https://www.nature.com/news/the-curious-case-of-the-caterpillar-s-missing-microbes-1.21955

직접 확인은 불가능하다. 아기가 장내 미생물 없이 태어나게 만드는 실험은 비윤리적일 뿐만 아니라 매우 어렵기 때문이다. 게다가 아기의 건강이 심각하게 나빠질 수도 있다. 세균이 하나도 없는 사람은 평생 플라스틱 버블 안에서만 살아야 할 것이다. 버블보이병(면역 기능 없이 태어나는 유전병)에 걸린 환자처럼 말이다.

대신 쥐를 비롯한 동물을 대상으로 실험이 이루어졌다. 우리 몸은 불을 뿜기 위해서나 전반적인 건강을 위해서나 다양한 장내 미생물(장내 미생물 군집gut microbiome이라고도 불리지만 엄밀히 말하면 미생물의 유전체만을 가리킨다)이 필요할지 모른다. 뇌플러 연구소를 포함해 실험에 사용된 쥐들은 '매우 위생적'이었다. 즉 부자연스러울 정도로 깨끗하고 다양한 장내 미생물이 없었다. 반면 야생 쥐는 특별히 깨끗하지 않지만 다양한 장내 미생물이 있어 건강을 유지해준다. 장내 미생물이 제한적으로라도 있다면 실험실의 쥐들이 건강해질 수 있을 것이다.** 야외 미생물(특히 끔찍한 병원균)에 노출된 쥐들이 전부 살아남지는 못했지만 살아남은 쥐들은 확실히 예전보다 더욱 건강해진다. 적어도 실험에서는 그렇다.

** http://www.sciencemag.org/news/2017/10/how-gut-bacteria-saved-dirty-mice-death

방귀, 트림, 기타 연료원

방귀와 트림이란 정확히 무엇일까? 우리는 먹고 마실 때마다 공기도 같이 삼킨다. 그 공기는 우리 몸 어딘가로 들어가지 않을까? 그래서 트림으로 나오거나 위장을 타고 내려가 방귀로 나오는 것이다. 탄산음료의 탄산도 마찬가지다. 위로 나오거나(트림) 아래로 나온다(방귀). 위장에 문제가 생기면 트림이 심해지고 장에 감염이 일어나면 방귀가 심해질 수 있다(장염에 걸려본 사람은 잘 알 것이다).

용의 위장에 불의 연료를 만들어주는 문제로 다시 돌아가보자. 소화 과정에서 메탄 말고도 유용하게 쓸 만한 물질이 생성된다. 가연성이 있거나 심지어 매우 위험할 수도 있는 황화수소, 수소, 산소 말고도 알코올 같은 물질이 있다. 이 물질들은 방귀의 화학적 구성을 더욱 흥미롭게 만들어준다. 유독성의 혼합물이다. 방귀는 냄새도 독하지만 실제로도 유독성이다. 놀라운 일이 아닐지도 모른다. 따라서 용이 불을 내뿜으려면 용의 트림을 이루는 구성 성분이 방귀와 비슷해져야 한다.

어떻게 용의 방귀를 트림으로 바꿀 수 있으며 어떤 방법으로 그 과정을 제어할 수 있을까?

반추위든 아니든, 용의 미생물에 변화를 주면 가연성 가스 혹은 혼합물을 만들 수 있다. 과학자들이 미생물로 바이오 에너지를 만드는 것처럼 미생물을 조합해 용이 내뿜는 불꽃의 생물연료를 지속적으로 공급해줄 미생물의 생태계를 만들 수 있을 것이다.

불꽃 친화적인 미생물의 조합을 '불 군집^{fireome}'으로 부르자. 요즘 여기저기에서 너무 자주 쓰이는 감은 있지만 단어의 끝에 '군집'을 붙이면 어쩐지 최첨단처럼 느껴진다.* 그렇다면 어떤 미생물이 불 군집을 만들어줄까? 고세균^{archaea}의 일종으로 메탄을 만드는 능력이 엄청난 메탄생성균^{methanogen}이 있다.** 용의 장내에 메탄생성균이 있으면 좋을 것이다.

가연성 높은 가스 연료를 용의 소화기관과 별도로 저장하거나 가스 생성에 관여하는 미생물이 불꽃에서 멀리 떨어져 있어야 한다. 그렇지 않으면 장에서 미생물이 모두 타 죽을 수 있기 때문이다. 열에 저항력을 지닌 미생물은 소수뿐이다. 세균이 불꽃에 직접 노출되면 거의 살아남지 못한다.

인간의 장에는 주로 메타노브레비박터 스미시^{Methanobrevibacter smithii}라는 메탄생성균이 콩 같은 음식을 섭취할 때 '가스'를 만드는 것으로 알려졌다.*** 하지만 용의 장에서 불꽃의 연료인 메탄과 다른 가연성 가스를 만들어줄 소중한 미생물(세균, 곰팡이, 고세균)은 많다.

용이 수소를 만든다면 하늘을 나는 데 도움이 될 수 있을까?

---

*   https://phylogenomics.blogspot.com/p/my-writings-on-badomics-words.html
**   https://www.hindawi.com/journals/archaea/2010/945785/
*** http://www.sci-news.com/medicine/article00968.html

수소는 불꽃의 연료가 될 수 있고 공기보다 가벼워서 용의 체질량도 낮춰준다. 헬륨이 대신 원소 주기율표에서 바로 옆에 있는 수소로 채운 풍선을 떠올려보자. 이것은 정신 나간 생각일 뿐 아니라(수소로 용이 과연 더 잘 날 수 있을까?) 아주 위험한 생각이다.

혹시 힌덴부르크라고, 들어본 적 있는가? 크고 단단한 비행선 힌덴부르크호는 20세기 초에 독일이 만들었다. 워낙 크기가 큰데다 승객과 짐을 실으면 더 무거워졌지만 수소를 채워 하늘에 띄웠다. 비행선은 정상적으로 작동했지만 갑자기 거대한 폭발 사고가 일어났다(그림 3.3). 우리 용에도 수소를 너무 많이 채우면 안에서 수소에 불이 붙어 힌덴부르크처럼 폭발할 수 있다(그때 우리가 등에 타고 있다고 생각하면 끔찍하다). 따라서 수소 같은 가연성 가스를 포함하려면 연료의 선택과 용의 설계에 신중해야 한다.

그렇다면 용이 가스를 어디에 저장할까? 배에 가스가 가득한 경험을 해본 사람이라면 그것이 얼마나 불편하고 심지어 아프기까지 한지 잘 알 것이다. 갑자기 폭발할 수 있는 것은 둘째치고 말이다. 용의 크기와 소화계가 소와 비슷하다면 잔뜩 만들어진 메탄이 특수 소화기관에 압축가스 상태로 저장되어 불편함을 느끼지 않을 수 있다.

소 같은 반추동물은 하루 평균 500리터의 메탄가스를 생산한다.[2] 용의 소화계가 소와 비슷하거나 그보다 작아도 미생물

그림 3.3 힌덴부르크호의 폭발 모습.
인류가 만든 가장 큰 비행체 안의 수소 가스에 왜 불이 붙었는지는 여전히 밝혀지지 않았다.

설계를 통해 메탄가스의 생산량을 2~3배로 늘릴 수 있다. 2장에서 설명한 것처럼 용이 날렵하게 하늘을 날려면 체중이 최대한 낮아야 한다.

적어도 이론상으로 우리가 극복해야 할 또 다른 장애물은 가연성 가스가 용의 입이 아니라 엉덩이로도 나올 수 있다는 점이다! 그다지 유용한 일은 아니다. 하지만 소의 경우로 본다면 그리 큰 문제가 되지 않을 것 같다. 소가 체내에서 생산되는 메탄을 대부분 방귀로 배출한다는 것은 잘못 알려진 사실이며 실제로는 대부분 트림으로 배출한다. 이 자연의 섭리는 불을 뿜는 용을 만드는 과정에 무척 유용하다. 약간의 변형을 가하면 용이 트림으로 메탄을 잔뜩 배출할 수 있다. 불뿜기의 좋은 출발점이 될 것이다. 반면 인간은 소화 과정에서 발생하는 가스를 대부분 방귀로 배출한다. 트림은 주로 공기를 삼켜서 발생한다.

평소보다 엄청나게 많은 가스가 만들어진다면 일부분 내보낼 방법이 있어야 한다. 가스가 트림이나 방귀로 배출되지 못하면 가스가 쌓여서 용이 폭발할 수 있다. 불을 뿜지 않고 가끔은 그냥 트림만 할 수 없을까?

우연히도 공룡은 방귀를 엄청나게 뀌었다고 한다. 공룡들이 일제히 뿜어내는 가스가 당시 세계 기후를 변화시켰다는 주장도 있다.* 반면 인간은 (겨우!) 하루 평균 20회 방귀를 뀐다.**

우리가 아무리 노력해도 용이 가스를 엉덩이로만 배출한다면(트림이 아니라 방귀로) 엉덩이로 불을 뿜는 용이 될 것이다. 정말 웃기겠지만 실용성은 꽝이다. 엉덩이가 불에 데는 등 예상치 못한 문제가 생길 수 있다. 용으로서는 전혀 기분 좋은 일이아닐 것이다. 불꽃 방귀는 무기로도 그리 효과적이지 못하다(용이 불꽃 방귀를 조준하는 모습을 상상해보라. 나중에 자세히 이야기해보자).

* https://www.smithsonianmag.com/science-nature/media-blows-hot-air-aboutdinosaur-flatulence-84170975/
** https://www.npr.org/sections/thesalt/2014/04/28/306544406/got-gas-it-could-meanyou-ve-got-healthy-gut-microbes

술 취한 용?

메탄가스·수소가스 외에도 가연성 가스가 있다. 연구해보니 인간의 질환 가운데 용의 대체 연료원으로 유용할 만한 것이 있다. 바로 자동양조증후군auto-brewery syndrome이라는 것인데, 거의 모든 사람이 그러하듯 이 질환을 앓는 사람들도 장에 알코올을 생성하는 일반적인 효모(출아형 효모)가 있다. 하지만 이들은 알코올 분해 능력이 없으므로 소화 과정에서 만들어진 에탄올로 술에 취한다.[3]

자연적으로 알코올을 더 많이 생성하는 동물도 있다. 예를 들어 수온이 높은 네바다주의 데블스 홀devil's hole에는 희귀한 물고기가 산다. 적절하게도 데블스 홀 펍피시devil's hole pupfish라는 이름의 이 물고기는 찬물에 사는 물고기보다 7배 많은 알코올을 생성한다고 보고되었다.*** 알코올(에탄올 형태)은 뜨겁고 척박한 환경에서 적응하도록 진화한 펍피시의 독특한 신진대사 작용으로 만들어진다.[4]

용이 위장에서 발효를 통해 충분한 알코올을 생성할 수 있고 그것을 배설하거나 너무 빨리 분해하지 않는다면(알코올 분해 효소인 알코올탈수소효소ADH와 따로 저장하거나 알코올 분해 효소 자체를

*** https://www.sciencenewsforstudents.org/article/nature-shows-how-dragons-might-breathe-fire

적게 만들도록 설계해야 할 것이다), 알코올이 메탄가스와 수소가스를 대체하거나 이들과 함께 섞여 연소하여 용의 불꽃에 더 많은 연료를 제공해줄 수 있다.*

과연 어떤 원리일까? 소가 농부의 밀주를 잔뜩 마시고 취해서 알코올과 메탄을 트림으로 뱉어냈다고 생각해보자. 그때 농부가 옆에서 담뱃불을 붙인다면 어떨까? 흥미진진한 상황이 벌어질 것이다.

연료를 만들기 어려우면

아무리 애써도 용이 불꽃을 내뿜는 데 필요한 연료를 만들어내지 못한다면 불을 뿜기 직전 입안에 가연성 물질을 머금고 있도록 편법을 쓸 수 있다. 사람이 하는 불 뿜는 묘기와 비슷하다 (**그림 3.1**). 하지만 실제로 어떻게 가능할까? 용이 연료가 든 작은 병을 들고 있다가 불을 뿜을 때마다 마셔야 할까? 별로 좋은 방법은 아니다.

대신 용이 등이나 목에 커다란 연료 탱크를 매달고 다니는 방법도 있다. 하지만 모양도 안 나고 실용적이지도 못하다. 용에게 연료를 공급하는 방법이 또 있겠지만 편법은 쓰지 않는 편이 좋겠다.

---

* https://www.npr.org/sections/thesalt/2013/09/17/223345977/auto-brewery-syndrome-apparently-you-can-make-beer-in-your-gut

용의 식단

용이 어떤 음식을 먹는지, 섭취한 음식물이 어떻게 소화계와 상호작용하는지가 용 만드는 과정의 모든 면에 큰 영향을 준다. 예를 들어 용이 불꽃 연료를 만드는 방법에는 소화계의 미생물뿐만 아니라 음식물 섭취도 중요하다.

용이 무엇을 얼마나 먹어야 하는지는 불의 연료 생성을 고려해야 한다. 하지만 다른 주요 기능에 영향을 주지는 않아야 한다. 예를 들어 먹는 양이 너무 많거나 섭취한 칼로리가 너무 높으면 금세 무거워져 날기 어려워지고, 걸어 다닐 때도 움직임이 느려질 것이다. 하지만 용이 날고 불을 뿜는 데 많은 에너지가 필요하다는 사실을 고려한다면 충분한 칼로리를 섭취하는 것이 더 큰 문제가 될 수 있다. 용이 제대로 먹지 못한 채로 많은 칼로리를 소비한다면 뼈만 앙상해질 것이다.

또 우리 용은 꽤 영리할 것이므로 당분에 굶주린 상당히 큰 두뇌가 필요하다(4장에서 자세히 살펴보자). 하지만 2장에서 논의한 바와 같이 까마귀처럼 똑똑하면서 비행 실력도 뛰어난 새들의 뇌가 비교적 가볍다는 사실은 고무적이다.

신화와 문학에서는 용을 식욕이 엄청난 육식동물(사람뿐만 아니라 소와 양 같은 큰 짐승을 잡아먹는 동물)로 표현하는 경향이 있다. 우리 용이 엄격한 육식동물이라면 이 식성이 불의 연료를 생산하는 것이나 용의 다른 속성에 적합할까? 예를 들어 가스를 생성하는 반추동물들은 엄격하게 채식성이고 풀처럼 칼로리가 낮은 음식을 잔뜩 섭취한다. 식물성 식단일수록 소화될 때 가스가 더 많이 만들어지는 듯하다.

육식성이면 메탄이나 불을 만드는 데 필요한 가연성 가스를 충분히 만들어낼 수 있을까? 우리는 그렇게 생각하지만, 만약을 위해 용에게 가끔 콩을 먹이거나 매주 일요일은 '샐러드 먹는 날'로 정해줘야 할지도 모른다. 불의 생산과 용의 건강을 위한 가장 안전한 방법은 용을 잡식성으로 훈련하는 것이다.

용이 음식물을 전부 소화한 이후도 문제다. 하늘에서 용의 똥이 우수수 떨어질까? 작은 새똥이 차 앞 유리나 어깨에 떨어져도 짜증이 나는데 4.5킬로그램이나 되는 '용 똥'이 떨어진다고 상상해보라. 소화가 덜 된 뼈가 들어있을 수도 있다! 용이 날지 않을 때 배설하거나, 날 때에는 인적 드문 곳에서만 볼일 보기를 바라는 수밖에 없다.

발화 장치가 있기를

지금까지 우리의 계획은 용이 스스로 가연성 혼합가스나 알코올을 장에서 생산해 불의 연료로 사용하는 것이다. 하지만 그 연료에 어떻게 불을 붙일까? 연료에 불을 붙이기 위해 용이 골초가 되기를 바라지 않는다. 그렇다고 우리가 성냥에 불을 붙여 용의 목구멍으로 내던지는 것도 전혀 실용적이지도 멋지지도 않다. 그것은 우리에게 매우 위험할 수도 있다.

그래서 우리는 다른 아이디어를 떠올려야 했다. 성냥을 떠올린 후로(물론 성냥불을 용에게 던져주는 방법은 쓰고 싶지 않지만) 우리는 이 작은 막대기가 어떻게 불을 만드는지 연구해보기로 했다. 그 정보가 유용할 것 같았다. 우리가 알아낸 바는 이렇다. 성냥의 윗부분에는 '적린'이라는 특이한 화학물질이 덮여 있다. 마찰이 가해지면 적린이 백린으로 변형되면서 화학 반응이 일어난다. 백린은 공기 중에서 연소하는데 그래서 성냥을 그으면 불이 붙는다.

이 과정에 대해 알게 되자 용이 불을 뿜게 해주는 아이디어에도 불이 붙었다. 예를 들어 충전재 같은 것으로 적린을 이빨에 넣어주면 용이 이빨을 갈아 불이 붙도록 하는 것이다. 성냥을 그어 불을 붙이는 것처럼 말이다. 용의 혀에 인을 코팅해서 용이 혀로 꺼끌꺼끌한 입천장을 문지르면 마찰로 불이 붙도록 하는 방법도 있다. 하지만 이 방법은 너무 번거로워 보인다.

용이 연료에 불을 붙이는 방법으로 또 뭐가 있을까? 용에게 인이 함유된 돌을 꾸준히 공급하는 방법이 있다. 용이 돌을 갈때마다 마찰이 일어날 것이다. 이상한 방법 같지만 꼭 그렇지는 않다. 새를 비롯한 동물에는 위장에 모래주머니(근위)라는 기관이 있다. 그 안에 돌이 들어 있어 먹이를 분쇄한다. 우리 용도 그런 소화기관이 있으면 인이 함유된 돌을 분쇄해 백린을 만들고 불이 붙게 할 수 있다.

모래주머니에 대한 흥미로운 사실이 있다. 모래주머니 안에서 음식물의 분쇄를 도와주는 돌에도 이름이 있다. '위석胃石'이라고 하는데 말 그대로 '위의 돌'을 뜻한다. 공룡에게도 소화를 돕는 위석이 있었다(**그림 3.4**). 그렇다면 용에게 특별한 돌을 만들어주어 점화해 불을 뿜도록 하는 것은 그렇게 허무맹랑한 생각이 아닐지도 모른다. 소화에도 도움이 될 수 있다.

부싯돌을 먹는 것으로 가능할지도 모른다. 부싯돌을 모래주머니에 저장했다가 주머니 안이나 입 안에서 분쇄해 불을 뿜을 수 있다. 부싯돌은 백린보다 용에게 더 안전하기도 하다. 백린은 매우 불안정하고 자연발화가 되는 데다가 간에 해롭다. 이러한 점들을 고려하면 인보다는 부싯돌을 위석으로 사용하는 것이 더 실용적일 듯하다.

용이 가연성 가스와 알코올을 잔뜩 저장했다가 필요에 따라 입에서 배출할 수 있다고 생각해보자. 반추위 근처 모래주머니에 든 위석을 분쇄해 그 가스 혼합물에 불을 붙여 밖으로 내보낼 것이다. 정말로 실현 가능할 것 같다! 실험을 통해 조금씩 수정하면 완벽해질 수 있을 것이다.

이리듐, 포스핀 같은 다른 자연발화성 혼합물도 유용하겠지만 이러한 혼합물은 희귀하다. 철과 황화수소의 혼합물 같은 조합도 있다.*

전기 발화

용이 연료에 불을 붙이는 완전히 다른 방법도 있다. 화학이 아닌 전기를 이용한 방법이다. 가연성 가스를 트림으로 배출해 전기로 불을 붙이는 것이다.

지구상에는 스스로 불이나 불꽃을 만들어내는 생물체가 없지만 강력한 전기를 만드는 생물은 있다. 모든 동물의 몸에는 신경계와 근육에서 화학 작용이 일어나지만 대부분은 중요하더라도 전류가 약하다.

---

*   https://www.sciencenewsforstudents.org/blog/technically-fiction/nature-shows-how-dragons-might-breathe-fire

예를 들어 사람의 신경계는 전기에 의존한다. 의사들은 심전도나 뇌전도 같은 검사를 통해 근육과 뇌의 전기 활동을 측정한다. 최근 연구에 따르면 뇌전도 검사 결과는 우리의 생각을 반영한다. 사생활 측면을 생각하면 무척 거슬리는 사실이다. 신경과 근육도 전기적으로 상호작용한다.

하지만 일부 생명체는 스스로 만드는 전기(생체전기)를 더 극적으로 활용한다. 우리 용에게도 있으면 좋을 특징이다. 이를테면 전기뱀장어는 많은 양의 전기를 만들고 배출한다. 우리 용도 그럴 수 있다면 가연성 가스에 불을 붙이는 데 필요한 에너지를 생산할 수 있을 것이다.

전기뱀장어(멋진 학명은 Electrophorus electricus다. **그림 3.5** 참고)와 전기가오리 등 생체전기생물은 전기를 만들어 무척 다양한 용도로 사용한다. 서로 소통하고 먹이를 제압하기도 한다. 이 방법을 물 밖에서 쓸 수 있도록 활용한다면 용이 연료에 불을 붙일 수 있을 것이다.

그렇다면 전기를 감각에만 사용하기도 하는 생체전기생물은 어떻게 전기를 만들고 밖으로 내보낼까? 이 동물에는 앞서 말한 것처럼 전기발생세포라는 세포가 있다. 그 세포가 전기를 만드는 발전기관을 이룬다.[5] 근육과 신경세포와 비슷한 전기발생세포는 놀라울 정도로 강력하게 방전시키는 특징을 지닌다. 이 특수한 세포는 동물의 발전기관에 쌓여있다. 건전지 안에 여러 화학물질이 조직되는 것과 비슷하다. 실제로 초기의 전기

그림 3.5 용이 전기뱀장어의 전기발생세포같은 것으로 가스 연료에 불을 붙이는 방법도 있다.

연구자들은 전기뱀장어처럼 전기를 만드는 동물을 연구해 중요한 정보를 얻었다.

용의 입안이나 목에 발전기관을 한두 개씩 만들어(양쪽에 하나씩 있어도 좋다) 전하electric charge를 생산해 가연성 기체에 불이 붙도록 할 수 있다. 바다에 사는 전기 생물은 대부분 발전기관이 측면에 있지만 얼룩통구멍stargazer은 얼굴에 있다. 그렇다면 용의 입안이나 입가에 점화용 불씨 역할을 해줄 발전기관을 만들어주는 것도 가능할 것이다.

그렇다면 용이 어떻게 불꽃을 제어할 것인가? 역시 전기뱀장어에서 아이디어를 얻을 수 있다. 전기뱀장어는 먹이를 감지하거나 제압할 때 발전기관을 자극해 협응적으로 전류를 생산한다. 우리 용도 조금만 훈련하면 전류를 만들어 가연성 가스에 불을 붙여 내뿜을 수 있을 것이다. 전기를 만드는 동물들은 조율기세포pacemaker를 통해 전기를 언제 어디에서 내보낼지 제어할 수도 있다. 이것은 다른 세포들을 촉발해 전기를 내보내게 하는 특별한 세포 묶음이다. 조율기세포는 인간의 심장에서 심박 수를 제어하는 심장박동원세포나 심장이 좋지 않은 사람에게 삽입하는 인공 심장박동기와 비슷하다.

전기 동물에서 떠올릴 수 있는 멋진 아이디어가 또 있다. 전기발생세포와 발전기관을 건전지처럼 이용해서 사람의 인공신체에 동력을 공급하는 것이다. 생체공학으로 세포와 기관을 제대로 만들 수 있다면 말이다. 용에게 연료에 불을 붙일 발전기관을 만들어주면 나중에 그 기관을 이용해 인공 신체에 동력을 공급하고 용의 능력도 업그레이드할 수 있다.

가능한 업그레이드와 다른 속성에 대해서는 5장에서 살펴보자. 우리는 용이 반복적으로 불을 뿜으려면 모래주머니에 부싯돌을 분쇄하는 것보다 전기 발화가 더욱 안정적인 방법이라고 생각한다. 하지만 현실적으로 어느 쪽이 더 나은지는 모두 시도해봐야 할 것이다.

용이 불을 뿜게 만드는 데 실패한다면, 전기발생세포로 만든 전기를 무기로 '내뿜'거나 '발사'하도록 할 수도 있다.

편법

가연성 가스의 발화로 다시 돌아가 보자. 용의 입술이나 혀의 피어싱에 부싯돌을 이용한 발화 장치를 주입할 수도 있지 않을까? 가스레인지나 BBQ 그릴에 불을 붙일 때 사용하는 점화 장치를 생각하면 된다. 혹은 용이 작은 주머니에 라이터를 갖고 다니는 방법도 있다. 하지만 용의 옷 이야기는 아예 꺼내지 않는 편이 좋다. 용에게 어울리는 옷차림이 도대체 뭘까?

우리가 굳이 편법을 쓰지 않아도 우리 용은 불이 잘 나오지 않을 때 스스로 편법을 사용할 만큼 똑똑할지도 모른다. 하지만 용이 라이터나 성냥을 쓴다면 무슨 의미가 있을까?

용을 불에서 보호하기

피자 같은 뜨거운 음식을 먹다가 입천장을 덴 경험이 있는가? 물론 있을 것이다. 불을 뿜는 생명체를 만들 때 바로 이 산을 넘어야 한다. 불을 뿜는 것은 무척 위험한 일이다. 뜨거운 피자와는 비교도 되지 않을 정도로 위험천만하다. 어떻게 하면 용이 불에 데지 않도록 할 수 있을까?

석회암에 있는 내화성 물질인 규산칼슘으로 용의 입안을 덮어주는 방법이 있다. 입에서 불에 잘 견디는 점액이 분비되게 할 수도 있다. 역시나 시험해볼 필요는 있지만 이 방법을 합치면 효과가 있을 것이다.

우리는 불을 내뿜는 사람을 연구했다. 화상을 입거나 목숨을 잃지 않고 어떻게 그런 일이 가능한지 의아했다. (매우 신뢰할 수 있는 출처인) 위키하우에 따르면 입에서 불을 뿜는 공연을 선보이는 사람들은 옥수수 전분이나 알코올 같은 가연성 물질을 내뱉은 후 토치로 불을 붙인다. 안전을 위해 불꽃을 공연자에게서 멀리 떨어뜨리거나 위로 향하게 한다.

마찬가지로 우리 용도 심각한 부상을 피하려고 가연성 가스를 '내뱉고' 밖에서(혹은 입가에서) 불을 붙일 수 있다. 불이 용의 입속에서 나오는 것과 거의 비슷한 효과를 낼 수 있다. 하지만 그래도 상당히 위험하고 오랜 연습이 필요하다. 용이 가스를 내뱉어 불을 붙이다가 실수라도 하면 구경꾼들이 큰 피해를 입을 수 있다. 용도 목숨을 잃을 수 있다.

입에서 불을 뿜는 사람은 불을 뿜을 때 불을 들이마시지 않는다거나 머리를 젖혀 위를 보는 방법을 쓴다. 하지만 용은 입의 위치가 먹잇감과 비슷하거나 높아서 불을 뿜을 때 고개를 위로 올릴 수 없다.

연구실 전체나 용의 외관에 방염防焰 가공을 하는 방법도 생각해봐야 할지 모른다. 용이 너무 흥분해서 실수로 자신의 발이나 꼬리에 불을 뿜는다면 큰일이다. 앞에서 말한 규산칼슘이나 점액으로 온몸을 덮어준다거나(점액에 대해서는 뒤에서 자세히 다루겠다) 불에도 끄떡없도록 비늘을 두껍게 만들어줘야 한다.

우리는 다른 방염 전략의 영감을 얻기 위해 불에 노출되어도 무사한 동물들을 연구했다. 첫 번째로 발견한 것은 바로 폼페이벌레pompeii worm다. 이 벌레는 사상세균을 방화벽으로 사용한다. 우리 용에도 가능하다. 이 장에서 언급한 고온성균(열에 잘 견디는 세균)에도 참고할 점이 있을 것이다.

호저와 비슷한 작은 동물 바늘두더지는 무기력torpor 상태에 돌입해 불을 견딜 수 있다. 무기력은 동물이 신진대사를 낮추는 상태를 말하는데, 바늘두더지는 빽빽한 덤불에 숨는다. 겨울잠과 비슷한 이 전략이 극심한 열을 견디도록 도와준다. 여기서 언급한 방법들은 용의 안과 밖을 모두 지켜줄 수 있다.

폭탄먼지벌레의 엉덩이가 말하는 것들

폭탄먼지벌레는 재미있는 녀석이다. 엉덩이에서 산성 물질을 발사한다. 그러고도 어떻게 엉덩이는 물론이고 온몸이 멀쩡할 수 있을까? 이 벌레에서 용을 불에서 지켜주는 방법을 배울 수 있지 않을까?

정답은 점액에 있다. 사람의 위장도 점액을 이용해 '불'같은 위산에서 우리를 보호해주니 충분히 이해가 간다. 콧물과 비슷한 점액은 정확히 무엇일까? 물론 끈적거리고 더럽다는 것은 누구나 알겠지만 사실 점액은 주로 단백질과 소금, 가끔은 항균성 물질이 섞여 만들어진다. 호흡기관과 위장 같은 부분을 정상적인 점액이 덮어주지 않으면 우리는 머지않아 목숨을 잃을 것이다. 하지만 점액이 진짜 불도 막아줄 수 있을까? 확신할 수는 없지만 한번 시도해보고 다른 예비책을 준비하자.

앞서 말한 것처럼 엉덩이에서 뜨거운 물질을 발사하는 폭탄먼지벌레는(그림3.6) 불을 뿜는 것과 관련해 매우 흥미롭다. 용이 불을 뿜게 해주는 문제에 완전히 새로운 접근법을 제공하기 때문이다. 또한 폭탄먼지벌레는 날 수 있으므로 놀라울 정도로 용과 비슷하다.

폭탄먼지벌레에서 얻을 수 있는 유용한 정보는 무엇일까? 이 조그만 녀석들은 곤충 세계의 화학자라고 할 수 있다. 화학 수업을 들었거나 과학자라면 특정한 화학물질을 섞거나 함께 두면 위험한 반응이 일어난다는 사실을 알 것이다. 폭탄먼지벌레는 과산화수소와 히드로퀴논이라는 반응성 화학물질을 몸 안에 저장하고 합친다. 화학 선생님들은 깜짝 놀라겠지만 폭탄먼지벌레는 이 화학 '실험'을 성공적으로 해낸다. 펄펄 끓을 정도의 액체를 엉덩이에서 포식자의 얼굴로 발사해 목숨을 건진다.[6] 사람에게 화상을 입힌 사례도 있다.

우리는 용이 엉덩이에서 위험한 화학반응을 일으키지 않고 입에서 불을 뿜기를 바란다. 하지만 그런 접근법을 쓴다면 폭탄먼지벌레처럼 서로 다른 장소에, 식도나 다른 기관에 위험한 혼합물을 따로 저장해야 한다. 하지만 우리는 그 혼합물이 높은 온도에서 불이 붙는 가연성 화학물질도 포함하기를 바란다.

폭탄먼지벌레는 엉덩이에서 화학물질을 만들어 발사하지만

펄펄 끓을 정도의 산성 액체를 발사하는 폭탄먼지벌레.
출처: 미국 국립 과학 아카데미National Academy of Sciences.

표적을 멋지게 맞히고 앞쪽으로도 발사할 수 있다. 이 주제로
연구가 이루어지기도 했다.[7] 용은 그냥 목을 움직여 불의 강도
를 조정하는 것만으로 불을 제대로 조준할 수 있을 것이다.

  용이 불을 뿜게 만드는 데 실패한다면 폭탄먼지벌레처럼 화
학 반응으로 만들어진 위험한 물질을 뿜어내게 할 수 있다. 이
것도 효과적인 무기가 된다. 최악의 경우 우리 용은 입으로 불
을 뿜는 대신 폭탄먼지벌레처럼 엉덩이에서 화학물질을 발사
하고 조준도 잘 하겠지만… 그렇게 되지는 않을 것이다.

열 무기

신화에도 나오듯(1장에서 살펴본 것처럼) 용이 폭풍우를 뿜어내는 것도 좋은 대안이다. 뜨거운 열을 뿜어낼 수도 있다. 어떤 동식물은 열발생thermogeneis을 통해 엄청나게 많은 열을 생성한다. 우리 용도 그렇게 몸 안에 열을 쌓아 표적이나 사냥감에 발사할 수 있다.

용이 반추위나 폐(열에 보호된다면) 같은 특정 부위에 열을 쌓아두었다가 거세게 내뿜는 것도 이론상으로는 가능하다. 불은 아니지만 그래도 강력하고 파괴적인 무기다.

온혈동물은 체온을 조절하고 열을 생성할 수 있다. 아플 때 열이 나고 몸이 떨리는 것도 체온을 높이기 위함이다. 하지만 열은 다른 방법으로도 생성된다. 그림 3.7 의 갈색지방은 신진대사에서 특별한 역할을 한다. 신진대사를 통해 열을 만들 수 있기 때문이다. 이 과정이 앞서 말한 열발생이다. 사람의 경우 갈색지방은 갓 태어났을 때 체온 조절을 위해 존재한다고 알려졌다. 성인은 주로 백색지방을 갖고 있다. 백색지방을 건강한 갈색지방으로 바꾸는 연구에 관심이 커지고 있다. 비만 인구가 줄어들지도 모른다.[8] 아니면 오히려 병에 걸릴 수도 있을 지도 모른다.

사람(포유류)과 조류는 모두 주변 공기보다 체온을 높게 유지할 수 있다. 과거에는 온혈동물이라 했지만 요새는 정온동물로

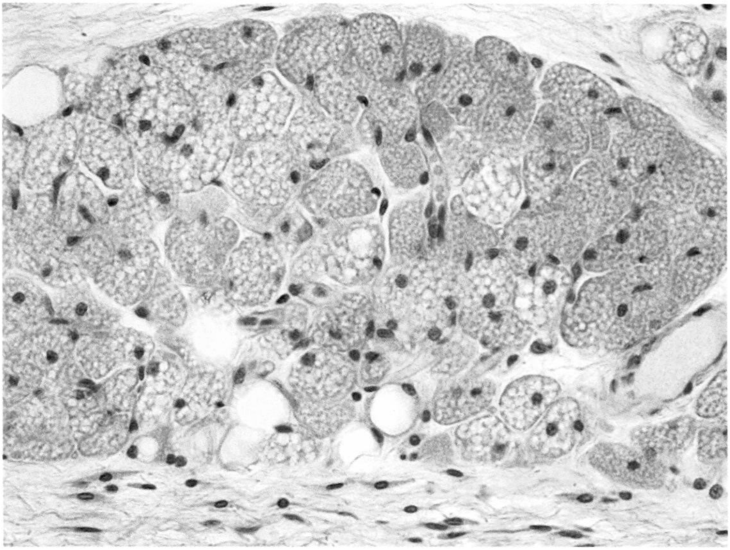

그림 3.7 갈색지방세포. 지방세포마다 다수의 작은 물방울 모양으로 이루어진 갈색지방이 있다. 반면 성인에게 가장 흔한 백색 지방은 세포 하나당 작은 물방울이 하나다. 열 발생에 직접 이용할 수 있는 것은 갈색지방뿐이다.

통한다. 하지만 그 외에 지구에 사는 대부분의 동물과 유기체는 변온동물이다. 우리가 용을 만들 때 사용할 파충류도 마찬가지다.

보통 유아는 갈색지방으로 주변 환경보다 따뜻한 체온을 유지할 수 있지만, 우리가 아는 한 새에는 갈색지방이 없다. 하지만 새는 날씨가 추워도 체온을 일관적으로 유지할 수 있다. 깃털을 부풀리거나 겨울에 깃털을 더 많이 자라게 하고 한 발로 서거나(새의 발에는 보호해줄 깃털이 없다) 머리를 깃털에 바짝 밀어 넣고 남극 펭귄처럼 무리지어 다니는 등 여러 영리한 방법으로 추위와 싸운다.*

갈색지방을 만들어주지 않는다면 도마뱀이나 새로 열파를 발사하는 용을 만드는 것은 무척 어려운 일이 될 것이다. 갈색지방이 어떻게 생기는지 과학자들이 연구하고 있으니, 앞으로 사람은 물론 다른 동물의 백색지방을 갈색지방으로 바꿀 수 있을지 모른다.

식물은 대부분 주변 환경과 똑같은 온도를 유지하지만 몇몇은 열을 생성한다. 그 열은 수분 작용을 돕고 씨앗을 퍼뜨리거나 추위로부터 보호하는 데 사용된다.

열을 생성하는 식물 중에서 꼭 살펴봐야 할 두 가지가 있다. 무척 희귀하고 인상적이다. 첫 번째로 난쟁이겨우살이는 스스로 열을 낼 수 있다. 특히 열매를 데워 폭파해서 씨앗을 퍼뜨린다. 직접 본 적은 없지만 식물이 씨앗을 멀리까지 발사한다니 무척 멋있는 아이디어 같다.[9] 씨앗이 멀리 이동하므로 종의 생존에도 유리하다. 우리 용도 발열 전략으로 불이나 열은 물론, 포탄 파편까지도 적에 발사할 수 있겠다.

두 번째는 신기하면서도 약간 혐오스럽다. 거대한 캐리언 플라워는 고기 썩는 냄새를 풍긴다. 그것만으로 무척 독특한 식물이다. 우리는 UC 데이비스 캠퍼스에서 그 꽃의 냄새를 직접 맡

---

*   https://www.audubon.org/how-do-birds-cope-cold-winter

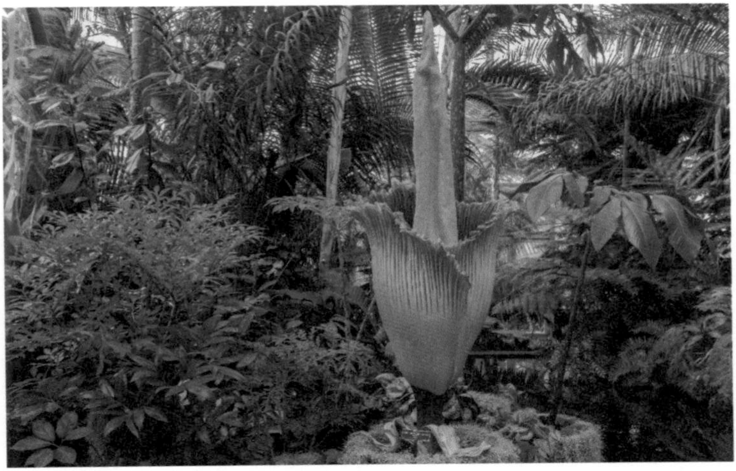

그림 3.8 캐리언 플라워. 열을 생성해 썩은 동물 사체와 비슷한 냄새를 퍼뜨려서 곤충 같은 먹잇감을 유인한다.

아보았는데, 꼭 시체 썩는 듯한 냄새가 났다. 냄새가 어찌나 지독하던지 코끝에서 완전히 사라지기까지 몇 시간이나 걸렸다.

이 꽃은 선사시대의 식물처럼 생겨 적어도 용이 사는 환경과 잘 어울릴 것 같다(그림 3.8). 야생에서 열을 이용해 '치명적인' 냄새를 정글에 널리 퍼뜨려 먹잇감을 끌어들인다.[10] 그 먹잇감에는 당연히 곤충이 포함되는데, 특히 썩은 조직을 먹는 곤충이 그 죽음의 냄새에 매혹된다. 이 꽃에 속아 잡아먹히는 것들이 그리 불쌍하게 여겨지지 않는다.

이 전략을 응용해 용의 무기로 시체 썩는 냄새처럼 지독하고 뜨거운 입김을 내뱉게 하면 어떨까? 놀랍게도 정말로 현실로 이루어질 수 있다. 용의 입김을 무기로 활용하는 다른 방법을 궁리해봐도 재미있을 것이다. 하지만 불을 내뿜는 것을 최우선으로 삼으려 한다.

혹시 죽는 거 아니야?

지금까지 여러 차례 말했지만 용에게 불 뿜는 능력을 만들어줄 때 수많은 문제가 발생할 수 있다. 그러면 분명 우리는 목숨을 잃게 될 것이다. 예를 들어 용이 연습하다가 조준을 잘못해 우리에게 불을 뿜을 수 있다. 실수로 불꽃 트림을 해서 우리를 통구이로 만들 수도 있다. 집이나 실험실을 태울지도 모른다. 심사가 뒤틀리면 작정하고 불을 뿜을 수도 있다.

이처럼 불의 과학과 생리가 우리에게 대참사를 일으킬 수 있다. 이 장에서 말했지만 용이 불을 입김으로 내뿜지 않고 체내에 가연성 가스를 저장했다가 실수로 불이 붙으면 그야말로 살아있는 폭탄으로 변한다. 그때 옆에 있으면 당연히 죽은 목숨이다. 약간 떨어져 있어서 화를 면해도 통구이로 변해버린 용의 잔재가 우리 위로 우수수 떨어질 것이다.

절대로 유쾌하지 않은 일이 또 생길 수 있다. 용이 실내에서 실수로(아니면 일부러) 발화되지 않은 가스를 내보내 우리를 숨막혀 죽게 할 수도 있다. 창의적인 죽음이기는 하지만 묘비에 '용이 방귀 뀌어서 사망' 또는 '용이 트림해서 사망'이라고 적

히긴 싫다.

이런 위험을 고려하고도 안전을 추구하는 방법은 많다. 적어도 정신 나갈 정도로 위험하지 않은 것들 말이다. 용이 불을 만들고 조준하는 방법으로는 연료를 뱉는 것이 가장 안전할지도 모른다. 과녁을 제대로 맞힐 때까지 위험하지 않게 그냥 침 뱉기로 연습시킬 수도 있다. 연료를 뱉는 방법이 통하지 않으면 처음에는 가연성 가스를 발사하는 연습만 하고 익숙해진 다음에 불을 붙인다.

하지만 결국 불을 내뿜는 살아있는 생물을 만든다는 것 자체가 극도로 위험한 일임을 받아들여야 한다.

불을 마무리하며

연습을 조금 하면 용은 다치지 않고 불을 뿜을 수 있을 것이다. 우리가 통구이가 되는 일도 없을 것이다. 앞서 폭풍이나 전기를 발사하는 것처럼 불의 대안이 될 만한 것들을 살펴보았다. 하지만 용이 용다우려면 불이라는 강력한 무기가 필요하다.

4장

내 머릿속은 용의 눈밭이야

Dragons on the brain

결정이 필요해

우리의 머릿속에는 용이 있다. 용만 있다. 온통 용 만드는 생각 뿐이다! 이런 맥락에서 용의 뇌가 어떤 특징을 지닐지는 매우 흥미로운 주제다. 우리는 '머릿속에 용이 있는' 것처럼 푹 빠져 있다.

용의 뇌는 심장 박동과 폐 호흡을 포함한 기본적인 신체 활동부터 복잡한 문제 해결 및 말하기 같은 높은 수준의 기능도 수행할 것이다. 모든 계획이 순조롭게 진행된다면 하늘을 날고 불을 뿜는 일도 뇌가 맡을 것이다.

용의 뇌에 대한 우리의 관심이 굉장한 만큼 기술의 한계를 밀어붙이고 싶은 유혹도 컸다. 한 예로 용을 최대한 똑똑하게 만들 수 있다. 아인슈타인이나 퀴리 부인만큼, 아니 더 똑똑하게 말이다. 하지만 기술적으로 거의 불가능한 일일 뿐만 아니라 용을 천재로 만드는 것이 별로 좋은 생각이 아니다. 이에 대해서는 나중에 살펴보겠다. 여러 문제가 생길 수 있으며 무엇보다 용이 우리를 무시하고 갑자기 그냥 떠나버리거나 해칠 수도 있다.

반대로 용이 똑똑하지 않아도 큰 문제가 생길 것이다. 똑똑하지 않은 용을 훈련 시키는 것은 불가능하다. 결과를 예상하지 못한 바보 용은 실수로 우리에게 불을 뿜거나 날다가 떨어뜨릴 수 있다. 따라서 우리 용은 반드시 어느 정도의 지능을 갖추어야 한다.

또한 뇌는 신체 기능을 수행하거나 지능에 관여할 뿐만 아니라 용의 정신과 성격도 좌우한다. 여기에 영혼까지 포함시키는 사람도 있다. 이는 절대로 잘못되면 안 되는 부분이지만 매우 모호하기도 하다.

지능과 성격에 유전이 환경보다 얼마나 더 중요할까? 둘이 얽혀 영향을 끼칠 수도 있다. 인간의 뇌 구조는 성격과 정체성에 어떤 영향을 끼칠까? 뇌 전문가들은 "그걸 누가 알겠어?" "지금 조금씩 알아보고 있으니 10년 뒤에 물어봐" 같은 반응을 보일 것이다.

그나저나 '뇌'가 정확히 무엇일까? 거창하게 들리지만 '영혼이 앉은 자리'만은 아니다. 더 실질적으로 말하자면 뇌는 '뇌'가 달린 모든 생물체의 몸이 제대로 작동하도록 해주는 컴퓨터다. 덧붙이자면 엄밀하게 뇌가 없는 생물도 있다. "뇌가 있으면 좋겠어"라고 노래하는 〈오즈의 마법사〉의 허수아비처럼 말이다. 실제로는 노래를 부르려면 복잡한 뇌의 기능이 필요한데 뇌 없는 허수아비가 노래한다는 것은 사실 말도 안 되는 일이다!

어쨌든 정말로 뇌가 없는 생물이 있을까? 해파리, 불가사리, 그리고 해면 같은 바다 생물은 정말로 뇌가 없다. 놀랍게도 어떤 연구자들은 이들에게 예전에는 뇌가 있었다고 주장한다. 어느 지점에 이르러 뇌가 없어지는 쪽으로 진화한 것이다. 다시 말해 뇌가 없는 것이 더 유용했기 때문이다.* 뇌가 있었던 시절

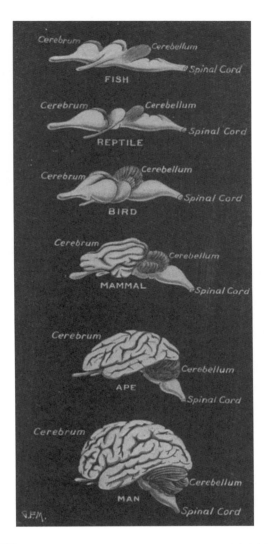

그림 4.1 다양한 동물의 뇌 그림. 순서대로 어류, 파충류, 조류, 포유류, 유인원, 인간의 뇌다. 아래로 갈수록 점점 복잡해진다. 영장류의 뇌는 크고 주름이 많지만 새와 파충류의 뇌는 매끈하고 단순한데, 이는 인식 기능이 약하다는 뜻이다.

* https://www.bbc.com/earth/story/20150424-animals-that-lost-their-brains

에는 '뇌가 없었으면 좋겠어!'라고 노래했을지도 모른다.

하지만 뇌 없는 생물은 비교적 희귀하다. 인간을 비롯한 모든 척추동물에게는 뇌가 있으며 뇌의 기본 구조(주요 부분의 조직)가 매우 보존적이다. 진화를 거치면서도 변하지 않아 많은 동물에게 공통으로 나타난다는 뜻이다(**그림 4.1**). 일반적으로 척추동물의 뇌에서는 대뇌가 앞에, 소뇌가 뒤에 있고, 척수로 이어진다. 뇌는 척수를 통해 나머지 신체와 소통한다. 중간에 당연히 중뇌가 있다.*

뇌의 모양과 크기는 매우 다양하지만(**그림 4.2**) 대뇌(혹은 대뇌피질)는 모든 동물의 인식 기능에 중요하다. 다른 영역도 모든 동물에서 비슷한 기능을 수행한다. 예를 들어 뇌의 뒤쪽에 자리한 소뇌는 협응을 담당한다. 인간의 신체 움직임은 매우 정확하고 확정적이다(대개는 그렇고 유난히 뛰어난 사람들도 있다). 따라서 떨림현상이 나타나면 소뇌에 문제가 생겼다는 신호로 여긴다.

소뇌가 인식에 중요한 역할을 한다는 견해도 있다. 하지만 뇌는 복잡한 구조이고 아직 완전히 이해되지 않았다. 각 영역이 어떤 기능을 수행하는지에 대해 아직도 논쟁이 계속되고 있다.

---

*   https://www.cell.com/current-biology/fulltext/S0960-9822(16)31151-4

용의 뇌

뇌는 신체와 정신을 이끌어나가므로 우리 용에게 어떤 뇌를 줄 것인지 신중해야 한다. 하늘을 잘 날고 불을 잘 뿜는, 생김새도 기능도 영락없는 용을 만든다면 훌륭하게 성취한 것이리라. 하지만 아직 결승선에 도달하지 않았다. 용이 용답고 오래 살려면 특정한 뇌가 필요하다. 물론 우리도 오래 살 수 있게 하려면 말이다.

뇌를 만들 때 일어날 수 있는 사고에는 무엇이 있을까? 여러 가지가 있다. 우선 뇌는 신체를 제어한다. 따라서 열심히 용이 날고 불을 뿜게 만들어도 뇌가 제대로 기능하지 않으면 모든 노력이 수포가 될 수 있다. 사람이 아무리 건강해도 뇌가 작동하지 않아 뇌사 상태가 되면 죽었다고 할 정도로 뇌가 중요하다. 사람은 물론 뇌가 있는 모든 동물에게 뇌의 기능은 필수적이다. 우리 용도 마찬가지다.

우선 용의 지능을 '올바로' 갖추는 데 집중하자. 용이 너무 멍청하거나 너무 똑똑하면 우리가 목숨을 잃는 것을 비롯해(이 이야기는 모든 장에 나오는 것 같다) 온갖 불운이 닥칠 수 있기 때문이다. 따라서 너무 멍청하지도 똑똑하지도 않은 '적당한' 수준의 지능을 목표로 해야 한다. 골디락스도 너무 뜨겁지도 차갑지도 않고 적당한 죽을 먹었다. '적당한' 지능을 갖춘 용이 창조자뿐만 아니라 용에게도 세상에도 최선이다.

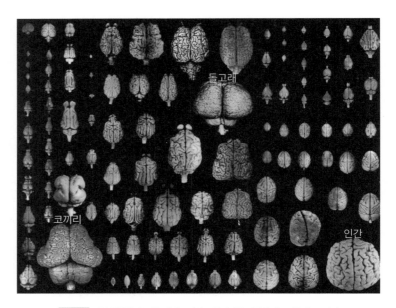

그림 4.2 여러 동물의 뇌 그림. 뇌의 크기와 모양이 매우 다양하다는 것을 알 수 있다. 원본 출처는 뇌 박물관The Brain Museum이며 허가를 받아 재사용. 커다란 뇌를 가진 동물(코끼리, 인간, 돌고래)의 이름을 적어 이미지 수정

용의 지능이 '적당해야' 한다는 사실을 기억하자. 그렇다면 용에게 어떤 종류의 뇌가 필요하며 어떻게 만들어줄 것인가? 동물의 뇌는 크기와 구조가 제각각이라(엄청나게 다양한 뇌를 보여주는 그림 4.2 참고) 선택권이 많다. 적어도 이론상으로는 그렇다.

그림 4.2 에서 가장 큰 뇌는 코끼리, 인간, 돌고래의 뇌다. 그중에서 코끼리의 뇌가 가장 크다. 인간의 뇌가 가장 크지 않다면 지구상에서 가장 똑똑한 존재가 아닐지도 모른다. 뇌의 크기가 지능에 중요할까? 아니면 커다란 뇌는 가끔, 앞서 언급한 해면

처럼 매우 드문 상황에서 생존에 오히려 불리하게 작용할까? 뇌가 작은 동물도 문제없이 잘만 살아간다. 어떻게 보면 모든 동물은 정확히 필요한 크기의 뇌를 가졌다.

그림 4.2 에서 또 주목할 점은 동물의 뇌의 구조가 무척 다르다는 것이다. 주름이나 전체적인 모양, 각 부분의 비율(뇌의 전체 크기에 대한 소뇌의 크기처럼)이 다르다. 이러한 차이는 주로 각 동물의 특징이나 필요 때문에 생긴다. 부분적으로는 배아와 태아 발달 과정에서 특정한 유전자 활동 패턴으로 나타나기도 한다.

그림 4.3 은 인도큰박쥐indian flying fox의 소뇌를 보여준다. 나선형의 주름이 많고 뇌의 뒤쪽에 있다(모든 각도에서 소뇌는 이미지의 중앙을 향한다). 인도큰박쥐의 학명은 '하늘을 나는 거인'이라는 뜻인데 뇌는 길이가 겨우 2.5센티미터 정도로 작다(몸도 작다). 이 박쥐가 비행이나 반향정위ecolocation, 소리나 초음파로 위치 탐지 같은 기능을 수행하려면 이 정도 크기의 뇌가 적당하다는 뜻이다. 다른 곳은 그대로인데 뇌만 두 배로 커진다면 전혀 도움이 되지도 않고 오히려 죽음에 이를 수 있다. 모든 것은 상대적이다.

마찬가지로 우리 용의 뇌도 크기보다는 지능 같은 기능이 더 중요하다. 물론 뇌의 크기도 중요하지만 크기가 항상 지능과 비례하는 것은 아니므로 문제가 더 복잡해진다. 앞에서 살펴본 것처럼 뇌가 너무 크면 에너지 소모가 늘어나고 몸도 무거워져서 비행에 방해가 된다.

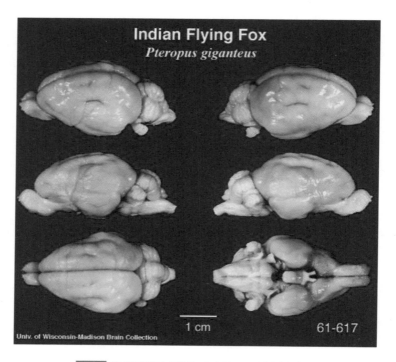

그림 4.3 인도큰박쥐의 뇌. 출처: The Brain Museum. 허가받아 재사용.

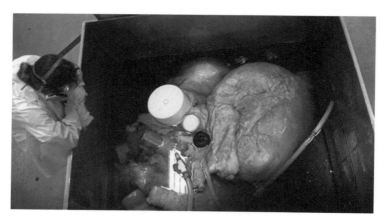

그림 4.4 대왕고래의 거대한 심장. 위에서 내려다보는 연구원보다도 크다. 출처: Apeksha Roy.

절대적인 크기보다도 뇌와 신체의 질량비(뇌가 몸과 비교해 얼마나 큰지)가 지능을 결정하는 데에 중요할 수 있다. 예를 들어 덩치가 큰 동물일수록 뇌도 크다. 이 생물학적 이치는 더 광범위하게 적용된다. 덩치가 크면 장기도 커지는 식이다. 눈에 띄는 예외가 있는데 어떤 공룡들은 엄청나게 큰 덩치에 비해 뇌가 무척 작았다.

일반적으로 이 법칙은 옳다. 예를 들어 대왕고래의 심장은 사람보다 크고(**그림 4.4**) 무게가 450킬로그램이 넘는다.* 하지만 그 심장이 크다는 이유만으로 인간의 심장이나(500그램 미만) 생쥐의 심장(200밀리그램)보다 나은 것은 아니다.

인간도 뇌가 크다고 꼭 좋은 것은 아니다. 뇌가 크면 여러 가지 질환이 생길 수도 있다. 한 예로 자폐증 환자는 자폐증이 없는 사람보다 뇌가 크고 피질 표면이 넓다.[1] 이는 자폐증이 없는 사람 중 인지 기능이 더 발달한 뇌의 특징이다. 자폐증 환자는 지능이 정상이거나 평균보다 더 높을 수도 있지만 흔히 인지 기능의 손상 같은 문제를 보인다. 따라서 뇌가 크다고 무조건 좋은 것이 아니므로 용도 그럴 것이다.

앞으로 뇌의 여러 특징 중 어떤 것이 지능에 영향을 끼치는지, 그리고 용의 뇌를 설계할 때 어떻게 이를 고려해야 할지 살펴보자.

---

* 　 https://www.whalefacts.org/blue-whale-heart/

가장 똑똑한 뇌는?

여러분이 컴퓨터를 살 때 브랜드(애플, 델 등), 크기(노트북, 데스크톱 등), 예산 등 원하는 요소와 특징이 있을 것이다. 용의 뇌를 만들 때에는 어떤 특징을 고려해야 할까? 어떤 뇌가 용에 가장 적합할까?

생물학자 플로리언 메이더스패처Florian Maderspacher는 뇌에 관한 논문*에서 가장 '유능한' 뇌를 선택하려는 것이 헛된 시도라고 이야기한다.

> 식초에 절인 인간의 뇌를 다른 포유류와 함께 놓으면 곧장 식별되지 않는다. 인간의 뛰어난 인지능력과는 다르게 말이다. 커다란 용기에 여러 동물의 뇌를 진열하고 그중 인간의 뇌는 식초에 절였다 하자. 외계인에게 그 뇌 중에서 인간의 뇌를 선택하라 한다면 그는 무엇을 선택할까?

겉만 보고 '최고의' 뇌를 고르는 것은 힘든 일이다. 게다가 뇌 주인의 전체적인 체질량 같은 것도 알 수 없다. 더 많은 정보가 주어진다고 해도 최고의 뇌를 이루는 요소를 알 수 있을까?

이식 가능한 살아있는 뇌를 영양소가 풍부한 액체에 절여 진

---

*   https://www.cell.com/current-biology/fulltext/S0960-9822(16)31151-4

열한, 기이하지만 신기한 박물관을 상상해보자. 그중에서 용의 뇌로 무엇을 골라야 할까? 그 이유는? 프랑켄슈타인을 떠오르게 하는 이야기다. 조수 이고르에게 뇌를 구해오라고 해야 하나. 하지만 용의 뇌를 만들기 위해서 가능한 모든 선택권을 신중하게 고려해봐야 한다.

새의 뇌를 선택할 수 있다. 흔히 머리가 나쁘다는 모욕적인 의미로 사용되는 '새대가리'라는 말은 중요하지 않다. 오히려 엄청나게 똑똑한 새도 있다. 새의 지능에 관한 연구는 전반적으로 '새대가리'라는 말이 틀렸음을 알려준다. 예를 들어 까마귀crow와 큰까마귀raven는 무척 똑똑하다. 녀석들은 도구를 사용하고 자신을 귀찮게 하거나 괴롭힌 사람의 얼굴까지 기억한다. 또한 녀석들은 앙갚음하기도 한다. 이 때문에 똑똑한 까마귀를 대상으로 실험하는 연구자들은 만약을 대비하기 위해 마스크로 얼굴을 가린다.

똑똑한 동물의 특징은 무엇일까? 여러 가지가 있다. 좋은 기억력, 도구 사용, 짝짓기 상대와의 유대, 가족 집단 형성, 놀이, 얼굴 인식, 노래하기, 그리고 다른 형태의 언어 구사하기 등이다. 새는 '노래'하고 일부는 도구를 사용하기도 하는데 이는 지능이 높다는 뜻한다. 하지만 별로 똑똑하지 않은 새도 있다. 일부 새와 용의 시작 동물로 고려해볼 만한 도마뱀은 뇌의 형태가 매우 단순하다(**그림 4.1** 참고).

도마뱀의 뇌를 바탕으로 용의 뇌를 만들면 어떨까? 특별히 똑똑한 도마뱀이 있다는 증거는 찾지 못했다. 하지만 그렇다고 보통 사람들이 생각하듯 도마뱀이 그렇게 멍청한 것도 아니다. 도마뱀의 뇌로 용의 뇌를 만든다면 더 발달한 형태로 만들어야 한다.

우리는 연구를 계속할수록 새의 뇌가 용의 뇌로 적합하다고 생각하게 되었다. 하지만 아무 새나 다 되는 것은 아니다. 가장 똑똑한 새는 큰까마귀와 까마귓과에 속한 까마귀로 알려졌다.* 녀석들이 어째서 그렇게 유난히 똑똑한지는 확실하지 않지만, 비교적 큰 뇌와 몸의 질량비가 이유일 수도 있다.

우리 용의 뇌는 똑똑한 새의 뇌와 비슷하지만 그보다 더 클 것이다. 영장류의 뇌처럼 지능을 높여주는 피질 주름(뇌회)이 더 많을 수도 있다. 하지만 피질 주름이 너무 많아도 안 된다. 용이 너무 똑똑해도 문제가 될 테니 말이다. 가장 적합한 정도를 찾아야 할 필요가 있다. 너무 커도, 너무 작아도 안 된다.

한편 뇌의 속성 중 성격처럼 지능과 무관한 것도 있다. 우리가 원하는 이상적인 수준으로 용의 지능을 만들었는데, 병리학적인 성격이라면 어떻게 할까? 아니면 말 그대로 병리학적이진 않아도 고기능 반사회 인격장애나 완전히 짜증나는 존재가 될 수도 있다.

---

* https://news.nationalgeographic.com/2017/07/ravens-problem-solving-smart-birds/

혹여나 용이 '평화주의자'라서 용답게 행동하기를 거부하면 어떻게 할까? 그런 성격이라면 하늘을 날아다니며 세상을 공포에 떨게 하고 싶어 하지도 않을 테고(우리가 그러길 바라는 것은 아니지만) 우연히 아이를 놀라게 했다가 다시는 불을 내뿜지 않을 수도 있다. 다시는!

물론 우리 용이 사람을 해치는 일은 없어야겠지만 마더 테레사나 간디가 된다면 신나는 모험은 제쳐두어야 한다. 흥미롭게도 최근 연구에서 코모도가 굉장한 '집돌이'인 것으로 밝혀졌다.** 우리 용도 온종일 소파에 앉아 TV를 보거나 스마트폰으로 게임만 하면 어떻게 할까?

이러한 이유로 용의 뇌를 만드는 것은 무척 어려운 일이다. 어떻게 해야 아무런 문제가 없을까?

작고 귀여운 뇌 키우기

이 문제를 생각해봤다면 바로 이런 생각이 스칠 것이다. 동물은 어떻게 뇌를 성장시킬까?

벌레, 파리, 인간 등 어떤 동물이건 뇌가 적합한 크기와 올바른 구성을 갖추면서 자라는 자연적인 과정은 매우 까다롭다. 아무리 단순한 뇌라도 성장 과정은 매우 조직적이고 복잡하다.

** https://www.nytimes.com/2018/11/13/science/komodo-dragons.html

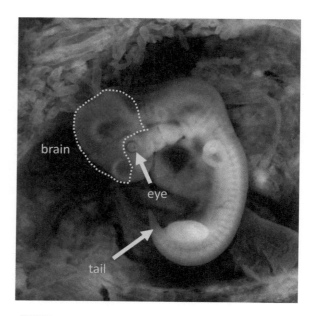

그림 4.5 엄마의 자궁 밖에 착상된 인간의 배아. 자궁외임신은 산모에게 큰 위험을 초래한다. 출처: 에드 우스먼의 위키미디어 오픈 소스 이미지.* 이미지를 흑백으로 수정하고 뇌와 꼬리(사람도 한동안 꼬리가 있다)를 포함한 명칭을 넣음.

그 과정에서 많은 문제가 일어나 신경 장애나 심지어 죽음을 초래할 수 있다.

그리고 우리 용은 배아와 태아기에 제대로 성장해야 한다. 그렇지 않으면 광범위한 문제가 생겨 뇌의 발달을 망칠 수 있다. 용을 만드는 것이 아예 불가능해질 수도 있다.

용엄마가 새끼를 낳는다고 가정해보자(용엄마는 어떤 생물일까?

* https://www.wikiversity.org/wiki/WikiJournal_of_Medicine/Tubal_pregnancy_with_embryo

6장에서 살펴보자). 임신 기간에 건강에 문제가 생기면 뱃속 용의 뇌에 큰 영향을 끼쳐 소두증(동물의 머리와 뇌가 너무 작은 것을 말하며 보통 인지 기능 저하를 불러온다) 같은 문제로 이어질 수 있다. 현실적으로 소두증은 지카 바이러스를 옮기는 모기 때문에 생길 수 있다. 임신한 여성이 그 바이러스를 가진 모기에 물려 감염되면 뱃속 아기의 뇌 성장에 영향을 끼쳐 소두증이 될 수 있다. 또는 특정 유전자의 DNA 배열에 일어난 오류(변이) 때문에 발생하기도 한다. 이처럼 여러 문제가 생길 수 있으므로 용의 태아와 엄마의 건강에 각별한 주의를 기울이지 않으면 안 된다. 태교 수업이나 비타민 섭취로는 해결되지 않는다.

우리는 용의 뇌를 처음부터 만드는 것이 아니라(오가노이드 organoid에 대해서는 잠시 후에 이야기해보자), 용의 시작 동물로 사용할 동물(도마뱀이나 새)의 뇌를 조절하는 방법을 쓰려고 한다. 여러 방법으로 여러 시점에서 뇌 발달에 변형을 줄 것이다.

배아, 엄마의 난자, 그리고 줄기세포(올바른 신호에 노출되면 그어떤 세포라도 만들 수 있는 세포)를 사용할 수 있다. 이렇게 하면 더 똑똑한 용을 만들 수 있다. 처음부터 뇌를 만드는 것보다 뇌 발달에 약간 변형을 주는 방법이 훨씬 쉽다.

뇌 이식은 현실적인 대안이 될 수 없다. 이탈리아의 의사 세르조 카나베로는 현재 머리 이식이 가능하며** 미래에는 뇌 이

** https://www.popsci.com/first-head-transplant-human-surgery

식도 가능하다고 주장하지만 말이다. 뇌 이식은 2017년에 개봉한 〈겟아웃〉을 비롯해 여러 영화에서 다루어졌지만, 어차피 용에게 뇌나 머리를 이식하는 것은 현실적으로 불가능하다. 카나베로 박사에 따르면 뇌나 머리 이식이 성공적으로 이루어지려면 1억 달러 정도 필요하다니 말이다.*

뇌의 성장은 매우 복잡한 보존 과정이다. 많은 동물의 뇌가 비슷한 과정을 거쳐 성장한다는 뜻이다. 인간이나 초파리나 비슷하다! 같은 유형의 세포, 조절 요인 그리고 구조가 개입하며 같은 종류의 유전자와 단백질이 사용된다. 그렇다면 동물의 뇌는 자궁에서(태아가 엄마의 배 속에 있을 때) 어떻게 자라는가?

우선 뇌를 비롯한 중추신경계를 이루게 될 세포들이 특정된다. 과학에서 '특정specified'은 세포가 올바른 장소에서 올바른 조직이나 장기를 이루도록 지시해준다는 뜻이다. 청년들이 컴퓨터 프로그래밍이나 공학, 배관 기술 등 나중에 갖게 될 직업을 위해 특정한 학교에서 배우는 것과 비슷하다. 많은 분자가 뇌를 위해 이토록 중요하고도 필요한 과정을 제어해준다. 세포의 특정이 가져오는 결과는 매우 놀랍다. 단순한 세포가 뇌나 신경계처럼 매우 복잡한 구조를 만들도록 프로그래밍해준다.

뇌와 척수가 되는 세포들은 당장은 나중에 다른 것이 되는

* https://usatoday.com/story/news/world/2017/11/17/italian-doctor-says-worlds-first-human-head-transplant-imminent/847288001

세포들과 달라 보이지 않는다. 하지만 '뇌가 될' 특정세포에서는 고유한 유전자 활동 프로그램이 활성화되어 있다. 일부 성장 유전자들은 약간만 활성화되어 있거나 나중에 성장 단계에 이르렀을 때 활성화되기 위한 준비 상태로 있다. 다른 유전자들은 스위치가 꺼져 있다. 세포에 혈액이나 뼈, 위장 같은 것이 되라고 지시하는 유전자들이 억제된다. 배아와 태아의 발달기에는 세포에 어떤 장기가 되라고 지시하는 것만으로는 부족하다. 성장하는 몸이 어떤 부위에서 다른 것은 만들지 말라고 세포들에 지시해야 한다.

앞서 세포의 특정을 사람의 공부와 비유했는데, 이는 젊은 사람에게 동시에 의사, 화가, 과학자, 배관공, 그리고 컴퓨터 프로그래머가 될 수는 없으며 한 번에 하나의 직업만 가질 수 있다고 말하는 것과 같다. 인간의 경우 부모가 자녀에게 하는 조언이 항상 통하는 것은 아니지만 줄기세포는 거의 언제나 '지시받은'대로 올바른 최종 세포로 변한다.

뇌가 될 세포들은 매우 빠르게 성장하고 분열한다. 하루에 숫자가 두 배로 늘어나기도 한다. 별로 빠르게 느껴지지 않는다면 데미demi hitz의 《쌀 한 톨》에 나오는 남아시아의 옛이야기를 떠올려보자. 한 소녀가 쌀 한 톨을 매일 두 배로 불려서 달라고 했다. 처음에는 단 한 톨이었지만 결국 10억 톨도 넘게 불어났다. 뇌를 만드는 세포도 마찬가지다. 세포 분열로 단 하나의 세포가 10억 개로 늘어난다.

초기 발달 단계에서 뇌가 될 세포(그리고 중추신경계가 될 세포들도)안에서 뇌세포가 되라고 지시하는 유전자는 활성화되어 있거나 준비되어 있지만, 심장이나 간 등 다른 것이 되라고 지시하는 유전자는 스위치가 꺼져있다.

초기 발달 단계에서는 여러 다양한 동물의 뇌와 중추신경계가 거의 비슷해 보인다. 인간의 초기 배아는 비슷한 성장 단계에 놓인 다른 동물의 배아와 비슷하게 생겼다. 겉보기에는 나중에 뇌가 되리라는 것을 말해주는 신호가 없다.

성장이 계속되면 다른 프로그램이 작동한다. 뇌가 될 세포들은 단순히 분열만 계속하지 않고 성숙한 뇌를 이루는 새로운 세포를 만들기 시작한다. 머지않아 미숙한 뉴런(신경세포의 다른 이름이다)이 모습을 드러내고 나중에는 다른 세포도 생긴다. 이 모든 과정이 매우 엄격한 통제 속에서 이루어진다. 다른 유형의 세포들은 특정한 시기와 장소에만 나타난다. 마치 각자 정해진 주소지가 있는 것처럼 말이다. 완전히 성장한 뇌에 뇌세포가 올바른 비율로 있어도, 잘못된 장소에 있다면 뇌가 제대로 작동하지 않을 것이다.

자동차에 GPS가 있어도 길을 잃은 적이 있는가? 우리는 있다. 이차원 공간이 아니라(도로를 운전하거나 배로 바다를 건너는 것이 아닌) 삼차원의 공간을 헤쳐나가 목적지에 도착해야 한다고 생각해보자. 제때 도착하지 않으면 나쁜 일이 벌어지므로 사차원의 공간이나 마찬가지다. 뇌 성장이 그렇다.

성장하는 뇌의 세포는 저마다 유형에 따라 집합소와 목적지, 집이 다르다. 예를 들어 뇌의 줄기세포는 액체로 가득한 근처의 뇌실이나 혈관 같은 특정한 장소에서 모여있는 것을 좋아한다. 이런 장소를 줄기세포 둥지stem cell niche라고 한다. 다른 곳에서 헤매는 줄기세포는 세포예정사(2장 참고)로 소멸하거나 뉴런 같은 보다 성숙한 세포로 발달한다. 성숙한 유형의 뇌세포를 만들려고 일부러 둥지를 떠나는 세포도 있다.

뇌의 성장에는 세 가지 중요한 세포 유형이 필요하다. 바로 뉴런, 교세포, 그리고 희소돌기아교세포다. 희소돌기아교세포(참 어려운 이름이다)는 신경을 감싸고 미엘린이라는 보호막을 이룬다. 미엘린은 신경 신호가 제대로 전달되는 데 필요하다. 병으로 희소돌기아교세포가 없어지면 그 신호가 바뀐다. 세 가지 세포의 하위에 포함되는 세포들도 많아서 더욱 복잡하다. 예를 들어 뉴런에는 수백 가지의 종류가 있다고 알려졌다. 뇌의 줄기세포가 분열을 통해 늘어나면서 수백만, 수억 개의 세포가 서로 연결된 부위가 수없이 생겨난다. 이것을 시냅스라고 한다. 뇌가 정상적으로 기능하려면 여러 세포가 제자리에 있는 것도 중요하지만 시냅스도 중요하다. 하지만 아직 시냅스에 대해서는 정확히 밝혀지지 않았다. 뇌에 대한 정보가 폭발적으로 늘어나지만 아직 전부 다 이해되진 않았다. 자폐 스펙트럼 장애 같은 많은 일반적인 신경 장애가 아직 시원하게 밝혀지지 않았다.

미니 뇌 또는 '오가노이드' 키우기

최근에 과학자들은 실험실에서 줄기세포를 이용해 인간의 장기를 소형으로 만드는 새로운 방법을 고안했다. 뇌의 많은 부분도 포함된다.

장기유사체는 '오가노이드'라고도 하는데 무척 아름답다 (그림4.6). 하지만 가까운 시일 내에 오가노이드로 제대로 기능하는 완전한 인간이나 용의 뇌를 만들기는 어려울 것 같다. 우리는 그때까지 기다렸다가 용을 만들 인내심이 없다.

오가노이드는 실험실에서 특수줄기세포를 플라스틱 접시(배양접시)에서 기르면서 뇌 성장을 자극하는 요인들에 노출하는 방법으로 만들 수 있다. 실제로 내 실험실에서는 인간의 소두증과 뇌종양 연구를 위해 뇌 오가노이드를 만든다. 보통은 유도만능줄기세포induced pluripotent stem cell를 이용한다(6장에서 자세히 논한다). 하지만 오가노이드는 완전하지 않은 구조체이고 매우 정교한 실제 뇌와는 비교되지 않는다.

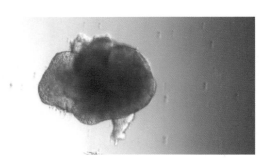

그림 4.6 뇌플러 연구소에서 줄기세포로 만든 인간의 초기 뇌 오가노이드.

뇌 구조와 지능은 연관이 있을까?

지능에 대해서도 몇 가지 궁금한 점이 있다. 뇌의 특징은 지능에 어떤 영향을 끼칠까? 그리고 잉태 기간과 출생 이후 뇌 성장은 지능과 어떤 관계가 있을까?

우선 일반적으로 뇌가 클수록 지능이 높다. 하지만 항상 그런 것은 아니다. 드물기는 하지만 소두증이 있거나 사고나 병으로 뇌의 많은 부분을 잃은 사람도 놀랍게도 지극히 정상적인 지능을 가지고 있다. 반대로 뇌가 비정상적으로 크면 인지 기능에 문제가 생기고 지능이 떨어진다.

뉴런의 숫자로 뇌의 기능을 측정할 수도 있다. 뉴런을 컴퓨터의 CPU라고 생각하면 간단하다. 칩이 많을수록 컴퓨터의 기능이 뛰어난 것처럼 뇌에 뉴런이 많을수록 우수하다. 하지만 이 비유도 항상 사실은 아니다. 예를 들어 소뇌(뇌의 뒤쪽에 있고 협응을 담당하는 부분)에 뉴런이 가장 많다.

하지만 매우 드물게, 소뇌가 없는데도 일상생활이 가능한 사람이 있다. 즉 뉴런의 숫자가 꼭 지능과 연관 있다는 뜻은 아니다. 부분적으로는 뉴런이 어디에 위치하고 어떤 종류인지에 따라 다르다. 소뇌가 없는 소뇌무형성증 질환을 앓은 중국 여성의 사례를 참고해볼 수 있다.[2] 이 여성은 움직임 등 몇 가지 문제가 있었지만, 뇌는 놀라울 정도로 제 기능을 했다.

하지만 역사적으로 소뇌 없이 생존한 사례는 아홉 건뿐이다.* 소뇌 없이 일상생활이 가능해도 우리 용이 능숙하게 잘 날려면 협응력이 뛰어나야 하므로 소뇌가 꼭 필요하다.

내 실험실에서 이루어진 생쥐의 소뇌 발달 연구에서 찍은 현미경 사진을 보면 소뇌가 얼마나 복잡한지 알 수 있다(**그림 4.7**).[3] 특수 형광 분자가 생쥐 소뇌의 세포에서 발견되는 단백질과 결합해 밝은 색을 띤다. 세포의 종류마다 다른 색깔로 표시된다. 붉은색은 뇌세포인 희소돌기아교세포인데 이는 앞서 설명한 것처럼 뉴런을 보호하는 막이다. 초록색으로 표시된 것은 소뇌에 많고 몸의 움직임을 조절해주는 특정한 뉴런(푸르키네 뉴런)이다. 파란색은 각 세포의 DNA이고 세포핵을 강조한다.

뉴런 밀도로도 지능을 측정하고 예측할 수 있다. 뇌와 몸의 비율(몸과 비교해 뇌가 얼마나 큰지)이 지능에 중요한 것처럼 뉴런의 밀도도 중요한 듯하다. 뇌의 특정 면적당 뉴런이 얼마나 있는지를 뜻한다. 예를 들어 뇌가 작아도 뇌 전체에(혹은 피질 같은 특정 부분에) 뉴런이 촘촘하게 들어있을 수도 있다. 뉴런이 가득한 피질은 지능의 지표로 여겨진다. 따라서 크기가 작은 뇌가 크기만 크고 면적당 뉴런의 숫자는 적은 뇌보다 더 지능이 높을 수 있다.

최근의 연구 결과가 이 사실을 뒷받침해준다. 앵무새와 까마

---

* https://www.newscientist.com/article/mg22329861-900-woman-of-24-found-to-have-no-cerebellum-in-her-brain/

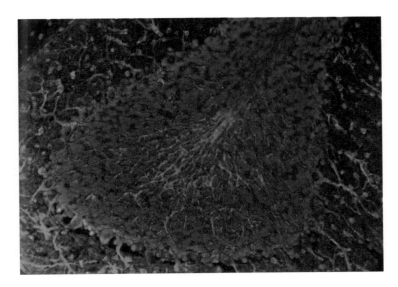

그림 4.7 현미경으로 본 생쥐 소뇌의 일부. '소뇌잎새'라고 불리며 얇은 잎 모양의 구조라는 뜻이다.

귀처럼 똑똑한 새들은 뇌가 더 큰 원숭이만큼 전뇌에 뉴런이 있다(더 많을 수도 있다). 새의 작은 뇌가 일부 포유류의 뇌보다 '인지 기능'이 더 뛰어날 수도 있다.[4]

뇌의 조직은 지능과 직결되어 있다. 예를 들어 뉴런이 서로 연결된 시냅스가 뇌의 특정한 부분에 얼마나 많은지도 지능에 큰 영향을 끼칠 수 있다. 뉴런뿐만 아니라 뇌의 다른 세포도 지능에 영향을 준다. 연구자들은 생쥐와 인간의 뇌세포가 합쳐진 키메라 생쥐의 뇌에 뉴런이 아닌 인간의 뇌세포(교세포)가 있으면 눈에 띄게 똑똑해진다는 사실을 발견했다.

이처럼 용의 뇌를 설계하는 것은 무척 힘든 도전이 될 것이다. 뭐든 간에 '제대로' 만들기란 어렵다.

용이 너무 멍청하면

또 다른 문제는 똑똑하지 못한 용이 나올 수 있다는 것이다. 뇌가 너무 작거나 구조가 잘못되거나 뉴런이 너무 작아서일 수 있다. 하늘을 날고, 착지도 잘 하고, 스스로 다치는 일 없이 제대로 불을 내뿜는다고 마냥 똑똑한 용인 건 아니다. 이것 말고도 가르칠 것이 많고 용이 알아야 할 기본 기술도 많다. 너무 멍청해서 말귀를 알아듣지 못하면 중요한 것들을 배울 수가 없다.

그렇다면 용은 무엇을 배워야 할까? 날다가 길을 잃어버리지 않도록 지리를 익혀야 한다. 불을 절제해서 사용하는 법과 함부로 사람들을 괴롭히지 않는 법도 배워야 한다. 지성보다는 성격과 더 관련 있는 문제일 수도 있다.

안타깝게도 용이나 새, 도마뱀처럼 여러모로 용과 가장 닮은 동물들은 뇌가 작거나 단순하다. 물론 예외로 똑똑한 새들도 있다. 공룡의 뇌 화석은 불과 몇 년 전에 발견되었다. 거대한 이구아노돈의 것*인데, 무척 작은 뇌 화석이 용케도 발견되었다.

---

* https://sp.lyellcollection.org/content/448/1/383

이구아노돈은 커다란 덩치에 비해 근육질의 뇌가 무척 작다. 뇌와 몸의 질량비가 이와 비슷한 공룡들은 매우 멍청했을 것이다. 뇌는 몸의 움직임에 크게 관여하므로 이구아노돈 뇌의 기능(그리고 질량)은 일상적인 활동에 주로 사용되었을테니, 지능은 별로 높지 않았을 것이다.

따라서 멍청한 용이 나오지 않도록 용의 뇌는 반드시 약간 크고 복잡해야 한다. 용이 멍청하면 용 만들기 자체가 실패로 돌아갈 수 있다.

용이 너무 똑똑하면

앞서 언급한 것처럼 코끼리, 고래, 돌고래 등 인간보다 더 큰 뇌를 가진 동물도 있다.** 이 동물들의 지능이 높다는 것을 알려주는 뇌의 다른 특징도 있다. 하지만 체질량 지수가 높다는 점과 고래목은 뇌의 많은 부분을 반향정위에 사용한다는 사실로 볼 때 이 동물들이 어째서 똑똑한지는 알기 어렵다. 그럼에도 연구에 따르면 고래목(고래와 돌고래)은 동물 중에서도 지능이 대단히 높은 편에 속한다. 어떻게 보면 인간보다 더 똑똑할 수도 있다.[6] 뇌가 큰 이들과 인간이 쉽게 소통할 수 없다는 것

** https://blogs.scientificamerican.com/news-blog/are-whales-smarter-than-we-are/

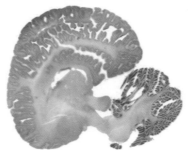

T. truncatus

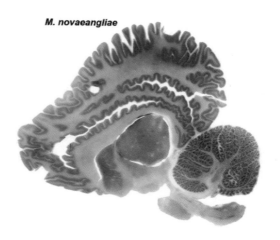

M. novaeangliae

그림 4.8 특수 염료로 표시된 큰돌고래(좌)와 혹등고래(우)의 뇌. 크기와 복잡한 주름 모양을 보면 지능이 꽤 높다는 것을 알 수 있다. 둘 다 뇌의 앞부분이 왼쪽을 향하고 소뇌가 오른쪽에 있다.

도 동물의 지능을 판단하는 데 걸림돌이 된다.

앞서 말한 것처럼 뇌에서 지능과 큰 연관이 있는 부분은 피질이다. 특히 피질의 표면적은 지능과 밀접한 연관이 있는데 주름이 많으면 표면적이 매우 증가한다. 인간이나 고래, 돌고래처럼 똑똑한 동물은 피질에 주름이 많다(그림 4.8). 주름이 많을수록 뇌 기능이 뛰어난데, 주름에 더 많은 면적이 들어가기 때문이다. 반면 생쥐처럼 지능이 높지않은 동물은 피질이 매끈하다. 살아가는 데는 지장이 없지만 똑똑하지는 못하다.

우리는 앞에서 용이 멍청하면 어쩌나 걱정했다. 하지만 반대로 고의로나 실수로 너무 똑똑한 용을 만드는 것도 정말로 큰 문제다. 천재 용의 가장 큰 문제는 기분이 조금 나쁘다고 인간을 그냥 죽여버릴 수 있기 때문이다. 아니면 인간과 같이 살기 싫어서 그냥 멀리 떠나버릴 수도 있다.

용이 도망가지 않더라도 우리가 생각하는 대로 움직여주지 않을 수도 있다. 똑똑한 용이 채식주의자가 되어 불을 채소 익히는 데만 사용하거나 온종일 독서와 명상을 하며 세계 평화를 기원하고 이론 물리학을 연구하고 유튜브 '교육' 영상만 본다고 생각해보라. 이럴수가!

우리가 용의 지능을 '적당하게' 맞추는 데 성공해도 원치 않거나 이상하고 병적인 성격이 나올 수도 있다. 멋진 용이 자아도취에 빠진 모습을 상상하기는 쉽다. 온종일 셀카를 찍어 SNS에 올리거나 거울만 볼지 모른다.

인간을 포함해 사냥을 무척이나 즐기는 용의 모습도 상상해볼 수 있다. 다수의 미술작품이나 신화에서 용은 본능적인 사냥꾼으로 묘사된다. 우리 용도 사악한 본성을 갖는다면 어떻게 해야 할까? 본능적으로 타고나는 행동이나 성향은 바꾸기 힘들다. 본능의 생물학적인 토대는 정확히 밝혀지지 않았지만 특정 유전자에 기인한다고 알려졌다.

"살아있는 용을 절대 비웃지 마라"라는 톨킨의 조언을 따라야 한다. 하지만 우리 용은 유머 감각이 뛰어나야 한다. 하찮은 두 인간이 자신을 만든 조물주라는 사실을 알았을 때 그 상황을 유쾌하게 받아들여주어야 하니 말이다. 하지만 뇌에서 유머 감각이 어떻게 발달하는지는 과학적으로 밝혀지지 않았다.

일부러 천재로 만든다면

이제 대충 감을 잡았을 것이다. 우리는 용이 우리를 죽이거나 불태워 잡아먹지 않도록 제대로 훈련받을 수 있을 만큼 지능을 갖추기를 바란다. 하지만 더 나아가 인간과 비슷한 수준의 지능을 갖추도록 만들면 어떻게 될까? 어떤 유전자가 지능에 관여하는지 알지 못하므로(분명 한둘이 아닐 것이다) 쉽지 않은 일이다. 하지만 뇌의 성장과 대뇌 피질 주름에 영향을 끼치는 유전자는 알려져 있다. 그 유전자들을 적당한 수준으로 적당한 장소에서 활성화한다면 용의 지능을 크게 향상할 수 있을지 모른다.

나는 오랫동안 뇌의 성장을 연구하면서 뇌 성장에 관여하는 유전자들의 기능을 파악하고자 했다. Myc가 그중 하나다. 이 유전자군은 뇌가 정상적으로 성장하도록 지휘한다. 이 유전자

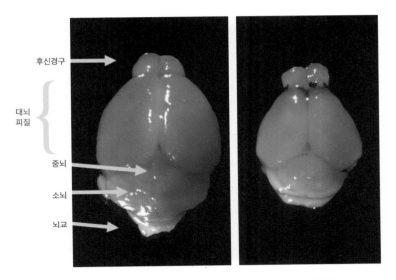

후신경구

대뇌
피질

중뇌

소뇌

뇌교

그림 4.9 정상적인 생쥐의 뇌(좌)와 연령은 같지만 c-Myc와 N-Myc 유전자가 없는
돌연변이 생쥐의 뇌(우)를 같은 확대율로 위에서 바라본 모습.
오른쪽 뇌는 각 부분이 그대로 있지만 정상보다 훨씬 더 작다. 출처: 뇌플러 연구소.

군을 생쥐의 뇌 줄기세포에서 제거했더니 정상보다 작은 크기
의 뇌가 되었다(**그림 4.9**).[7]

　그뿐만 아니라 나는 몇 해 전에 Myc 유전자군에 속하는
N-Myc를 약간 늘렸더니 생쥐의 뇌에 주름이 늘어나 인간의
뇌와 조금 더 비슷해진 사실을 발견했다. 흥미로운 사실이지
만 생존 조건과 맞지 않아서인지 생쥐가 성장을 끝내지 못해서
연구 결과를 정식으로 발표하지는 못했다. 이처럼 뇌를 크게
하거나 기능을 높여주는 변화를 우리 용의 뇌에도 적용할 수
있다.

하지만 거기에는 커다란 위험이 따른다. 예를 들어 용의 뇌를 크게 만들려다 종양이 생길 수도 있다. Myc 유전자가 암을 유발하는 '종양 유전자'라는 사실에 주목해야 한다. 뇌의 정상적인 성장뿐만 아니라 뇌종양 같은 암과도 연결되어 있기 때문이다. 그런가 하면 용의 뇌가 너무 커져 대두증으로 지능이 저하되거나 이상이 생길 수도 있다.

용을 똑똑하게 만들려다가 천재가 되어버리면 그냥 멀리 날아가 버리거나 마음대로 문제를 일으키고 다닐지도 모른다. 심지어 역할이 뒤바뀌어 인간이 용의 애완동물이 될 수도 있다!

반대로 예상치 못하게 용의 뇌를 작게 만들 수도 있다. 유전자와 생물학을 가지고 함부로 이런저런 시도를 하다 보면 예상치 못한 결과가 훤히 예상될 것이다. 용에게 똑똑한 뇌를 만들어주는 일은 시행착오로 가득한 위험한 과정이다. 생물학은 복잡하다.

신화와 전설에서 용은 인간에 버금갈 정도로 대단히 똑똑한 존재로 그려지는 경우가 많았다. 사악하거나 위험한 존재로 여겨지는 일도 많았지만 대부분 지혜롭고 기억력이 좋다고 묘사되었다. 따라서 똑똑한 용을 만들면 실용적일 뿐만 아니라 사람들이 생각하는 용의 이미지에도 잘 맞을 것이다.

용과 말이 통하려면

용과 분명한 상호 의사소통이 가능하려면 정교한 뇌 기능이 필요하다. 이러한 의사소통은 보통의 동물에서도 무척 힘든 일이다. 파충류 애완동물을 훈련해 본 적이 있는가? 이구아나나 코모도는 '쉿' 소리를 내거나 꼬리를 내리치는 간단한 방법으로 소통할 것이다. 하지만 용은 더 고차원적인 소통이 가능해야 한다. 주인인 인간의 언어로 소통할 수 있다면 가장 좋을 것이다. 말도 하고 우렁차게 포효도 할 수 있는 성대를 만들어주려면 쉽지 않겠지만 말이다. 용과 소통하는 언어를 따로 만들 수도 있다. 둘만 알아들으니 멋지지만 골치 아픈 일이다. 수화 같은 것을 사용할 수도 있겠다.

쌍방향 소통에는 높은 수준의 뇌 기능이 필요할 뿐만 아니라 특정한 혀 구조도 필요하다. 따라서 복잡한 노래를 부르고 영어뿐 아니라 어떤 언어로도 말할 수 있는 새가 있다는 사실은 무척 고무적이다. "폴리, 과자 먹고 싶어!" "폴리, 예뻐!"처럼 전형적인 앵무새가 말하는 방식을 뜻하진 않는다. 영어권에서 수백 년 전부터 왜 앵무새를 '폴'이나 '폴리'라고 불렀는지는 온라인 매거진 《멘탈 플로스》의 기사에서 짐작해볼 수 있다.* 그 기사에는 폴이라는 앵무새가 사람들을 감독하면서 욕을 자주

---

* https://mentalfloss.com/article/55350/why-do-we-call-parrots-polly

했다는 일화가 소개된다.

하늘을 자유롭게 날고 유전적으로 공룡과 연관이 있는 조류가 용을 만들기 위한 시작 동물로 적당할지 모른다고 이야기했다. '새의 뇌'는 공룡 같은 동물의 뇌와 크게 다르지 않을지도 모른다. 말할 수 있는 새의 혀를 같이 만들어줄 수도 있을 것이다.

용과 생산적인 토론이 가능하다면 여러 문제를 피할 수 있다. 예를 들어 '폴리'라는 용이 "폴리, 마을을 불태우고 인간을 과자처럼 먹고 싶어!"라고 말한다면 이렇게 말해줄 수 있다. "안 돼, 폴리. 그런 짓을 하면 오래 살 수 없어. 사람들이 싫어할 테니까. 널 죽이려고 할 거야. 그리고 마을을 불태우는 건 정말 나쁜 짓이야."

용은 태어나자마자 말할 수 있는 것이 아니라 많은 공을 들여서 말하는 능력을 키워주어야 할 것이다.

나만의 드래곤 길들이기

인간은 그동안 생물학이 처음부터 정해진 운명이 아니라는 사실을 밝혀냈다. 유전자에 의해 어떤 뇌가 만들지 결정되었더라도 꼭 그런 결과가 나오지 않는다.

물론 소두증이나 뇌 손상 같은 극심한 상태는 뇌에 영구적이고 막대한 영향을 끼친다. 하지만 세상에 태어난 순간부터 어떤 환경에 놓여 살아가느냐가 개인의 성격뿐 아니라 지능에도 큰 영향을 준다. 예를 들어 노벨화학상 수상자 마리 퀴리의 부모, 교사, 식단, 질환, 교육 등이 달랐다면 그렇게 똑똑하거나 역사에 큰 영향을 끼치지 못했을 수 있다.

우리 용도 마찬가지다. 용에게 가장 적합한 뇌를 만들어주려고 최선을 다하는 것만으로는 부족하다. 용이 태어나는 순간 헌신적으로 가르치고 '적절한' 환경을 제공해 올바로 성장할 수 있도록 최선을 다해야 한다.

특히 처음에는 용이 자식과도 같을 것이다. 알다시피 부모가 잘못하면 아이를 망치기 쉽다. 우리도 부녀 사이기 때문에 아이가 자라는 환경이 얼마나 중요한지 잘 알고 있다. 부모가 아기와 소통하는 방법은 아기의 뇌뿐만 아니라 건강과 웰빙도 좌우한다.

몇 가지 사례가 떠오른다. 용이 말을 할 수 있는 신체와 정신적 조건을 갖추었다면, 우리는 용에게 말하는 법을 가르쳐주고 그 언어(하나 이상도 가능하다)를 흡수 할 수 있는 환경을 제공해주어야 한다. 아기 용과 많은 시간을 보내며 책도 읽어주고 집에서 공부도 가르쳐주어야 할 것이다. 용을 학교에 보낼 수도 있을까? 얌전하게 행동하는 법을 비롯해 가르쳐야 할 것이 많을 것이다. 앞서 말한 것처럼 안전하게 날고 불을 뿜는 방법도 가르쳐주어야 한다.

아기 용을 키우는 문제

아기 용에게 가르칠 것이 많지만 그 과정에서 온갖 사건·사고가 생길 수 있다. 아기 용은 참을성이 없을지도 모른다. 강아지를 키우는 것만 해도 무척 고생스러운 일이다(우리 집 애완견 미카는 **그림 5.4** 참고).

우리가 이 책을 쓸 때 마침 미카는 새끼 강아지였다. 미카를 키우면서 온갖 정신없는(때로는 재미있고) 일을 겪다가 아기 용을 키우는 것이 얼마나 힘들지 생각하게 되었다.

미카가 작은 장난감 뼈를 씹는 것을 좋아했으니 아기 용도 뭔가 씹을 것이 필요할 것이다. 사향소 같은 덩치가 큰 동물의 커다란 뼈가 필요할 수도 있다. 미카는 뼈나 장난감을 씹다가 지루해지면 집안의 가구를 씹었다. 아기 용이 집안 구석구석을 씹다가 벽에 구멍을 내지는 않을까? 뒷마당의 나무를 씹거나 TV를 꿀꺽하는 것은 아닐까?

미카는 우리가 요리하거나 뭔가를 먹을 때 큰 관심을 보였다. 아기 용이 냉장고에 든 음식을 전부 먹어 치우지는 않을까? 3장에서 말했지만 음식은 불뿜기를 비롯해 용의 능력에 영향을 끼칠 것이다.

먹은 음식은 소화되기 마련이다. 가끔 미카는 집안에 실례를 했다. 배고픈 아기 용이 음식을 잔뜩 먹어 치우고 그런 실수를 한다면 큰일이다. 수 킬로그램의 똥과 수 리터의 오줌을 집안에 싸버릴 테니 말이다. 방호복을 입고 거대한 폐기물 전용 쓰레기봉투로 치워야 할까?

미카는 오랫동안 동네를 산책하는 등 운동을 많이 시켜야만 얌전하게 굴었다. 용도 마찬가지일지 모른다. 에너지가 남아돌면 말썽을 부릴 텐데, 용이 부리는 말썽은 상상을 초월할 것이다. 어린 용은 활동량이 많을수록 낮잠도 잘 자고 얌전하게 행동하겠지만 동네를 산책시킬 때에도 과연 안전할까? 온갖 문제가 생길 수 있다. 동네에서 가장 '센 개'도 지나가는 용을 보면 무서워할 것이다. 개 주인들도 항의하지 않을 것이다. 용이 작은 개들을 먹잇감으로 볼지도 모른다! 나는 법을 배운 후에는 활동량이 크게 늘어날 것이다. 미카는 뒷마당과 정원에 심은 채소를 파헤쳐 놓기도 했다. 용이 땅을 파면 마당에 분화구만 한 구멍이 생기거나 동네의 배수관이 전부 드러날지도(부서질지도) 모른다.

미카는 몇 번인가 아파서 수의사를 불렀었다. 수의사가 과연 용도 환자로 받아줄까? 미카의 눈에 안약을 넣어주어야 했을 때는 너무 반항이 심해서 고생했다. 성질부리는 아기 용에게 안약을 넣어주는 상상을 해보라. 미카는 개에는 독약과 같은 포도를 몇 알 먹어서 병원에 간 적도 있다. 다행히 큰 문제는 없었다. 아기 용도 무엇을 주워 먹을지 모른다. 상어의 배 속에서 온갖 이상한 것이 발견되었다는 기사도 있다.* 아기 용이 포도가 아니라 "우리 용이 옆집 닭장을 통째로 꿀꺽해버렸는데 괜찮을까요?"라고 동물병원에 전화하는 일이 생길지도 모르는 일이다.

어떤 사건·사고가 생길지 모르니 보험이 필요할 것 같다. 하지만 용을 받아줄 보험 회사가 있을까? 용을 만드는 실험실은 보험에 들 수 있을까? 현재 이용하는 보험사에 말을 꺼내기도 꺼려진다!

사이보그 드래곤으로 편법 쓰기

생물학적으로 용의 지능을 높이는 대신 뇌에 컴퓨터를 이식해 지능을 올리는 방법이 있다. 이론상으로는 칩을 이식해 용의 지능을 '조율'하는 것이 가능하다. 하지만 그렇게 하면 용이 리모컨으로 조종할 수 있는 동물에 가까워지지 않을까? 아직은 잘 모르겠지만 약간 불편하면서도 흥미로운 아이디어다. 일종의 편법이다. 뇌에 칩을 이식하는 기술이 아직 확실하게 자리잡지도 않았다. 용의 기능을 높여주는 여러 아이디어를 다음 장에서 더 살펴보기로 하자.

*   https://www.sharksider.com/14-weirdest-things-sharks-eaten/

또 죽는 거 아니야?

용이 너무 똑똑하면 여러 문제가 생길 수 있다는 말은 앞에서 이미 했다. 우리에게 불을 뿜거나 하늘에서 떨어뜨리거나 바보스럽거나 아니면 귀찮다면서 밟아버릴지도 모른다. 반대로 용이 너무 멍청해도 문제다. 우리를 잿더미로 만들어놓고 뭐가 잘못됐는지 모를 수도 있다. 하늘을 날다가 실수로 떨어뜨리거나 깔고 앉을지도 모른다.

너무 똑똑하지도 너무 멍청하지도 않게

용의 지능이 적당해도 인간을 죽이는 괴물이 되거나 반대로 파리 한 마리도 죽이지 못하는 평화주의자가 될 수 있다. 성격의 측면에서 용의 뇌를 '제대로' 만들기는 거의 불가능하겠지만 최선을 다해야 한다.

5장

레벨업! 머리부터 꼬리까지!

From head to tail,
other dragon features and power-ups

선택지로 가득한 메뉴

지금까지는 주로 용의 날개(비행하는 방법)와 고유한 생리(불을 제대로 뿜는 방법), 뇌('전체'를 담당하는 부분)를 살펴보았다. 하지만 용에는 더 많은 특징이 있다. 머리에서 발끝까지 신중하게 고민해야 할 부분들이 무척 많다. 뿔이 달려야 할까? 전기기관처럼 독특한 특징을 많이 넣어주어야 할까? 헤엄칠 수 있게 지느러미와 아가미도 달아줄까? 이런 색다른 특징을 추가한다면 과연 어떤 모습이어야 할까? 생각해봐야 할 것이 많다!

조금 더 '일반적인' 특징들에 대해서도 중요한 결정이 많다. 다리는 2개가 좋을까, 4개가 좋을까? 머리는 하나 이상 만들어 줄까? 뿔은 하나, 아니면 여러 개? 아예 만들어주지 말까? 당연히 눈꺼풀도 필요한데 불이나 다른 위험으로부터 시야를 보호하려면 눈꺼풀을 더 많이 만들어주어야 할까? 목소리를 내는 데 필요한 생리적인 특징은 무엇일까?

이처럼 어떤 특징을 갖추느냐가 용의 전체적인 겉모습과 능력을 좌우한다. 비행이나 불뿜기 같은 용의 기본 기능에도 간접적인 영향을 끼친다. 그뿐만 아니라 생식 능력 같은 특징도 영향을 받을 수 있음을 고려해야 한다. 우리는 용이 늘어나기를 바라니까. 용을 만들면서 하는 선택은 수명을 비롯해 용의 전반적인 건강에도 영향을 미칠 것이다. 아무리 멋져도 고작 몇 년 정도밖에 살지 못한다면 의미가 없다. 용이 아파서 불행

그림 5.1 러시아에 있는 머리가 3개 달린 용 조각상.

해지는 일도 없어야 할 것이다.

이 장에서는 용에게 어떤 특징을 만들어줄지, 그 선택이 어떤 영향을 끼칠지 살펴본다. 실제 동물에서 볼 수 있는 여러 신체 부위와 관련 기능도 이야기한다. 그다음에는 재미있는 방법으로 용의 신체를 강화해주는 이른바 '레벨업'을 살펴보자.

신체 강화는 용의 기능을 높여주므로(초능력을 줄 수도 있다) 더욱 멋진 용을 만들수 있다. 하지만 여기에는 큰 위험도 따른다. 사고가 발생하거나 우리가 목숨을 잃을지도 모른다. 하지만 신체 기능 강화는 도저히 거부할 수 없는 흥미로운 일이므로 몇 가지 아이디어를 떠올려보기로 한다.

머리는 몇 개나?

우선 맨 위쪽부터 시작해 용의 머리는 몇 개가 좋을까? 솔직히 머리가 하나만 있는 것이 가장 간단하다. 머리도 뇌도 하나만 있는 것이 가장 안전한 선택이 될 것이다. 머리가 둘 이상이면 큰 문제가 생길 수 있고 여러 머리 안에 용의 뇌가 여러 개면 장애가 생길 위험도 있다. 다중성격이 서로 충돌할지도 모른다.

"왼쪽으로 가자!" "아니, 오른쪽으로 가자!"

"톨레도를 불태우자!" "아니, LA나 도쿄를 먼저 해치워."

"난 줄리와 폴리가 좋아." "아니, 난 걔들이 짜증 나. 숯불구이로 만들어 먹어버리자."

무슨 뜻인지 알 것이다.

머리가 3개면 하나일 때보다 비행하기 더 어려울 수 있다. 머리가 여러 개이므로 바람 저항이 더 심하고 길을 찾기가 어렵다. 하늘을 날 때 어떤 머리가 길 찾기를 담당해야 할까? 또한 머리가 3개라면 에너지도 많이 필요하므로 용의 신진대사에도 변화가 생겨 더 많이 먹거나 식단이 달라져야 할 수 있다. 머리와 목이 각각 3개씩이나 되므로 몸무게도 늘어나 하늘을 날기가 더 어려워진다.

따라서 머리는 하나만 만들어주는 것이 신중한 선택이다. 하지만 항상 신중한 선택만 따를 수는 없지 않은가? 게다가 수

세기 동안 용은 둘 이상의 머리를 가진 모습으로 묘사되었고 이 묘사의 효과는 대단했다. 따라서 머리를 한두 개 더 달아주는 것도 거부하기 힘든 유혹이다.

머리가 여러 개면 장점도 있다. 미술과 신화에서 용이 머리가 여러 개로 그려진 데는 이유가 있다. 예를 들어 머리가 2개인 용은 머리가 하나뿐인 용보다 죽이기가 훨씬 힘들 것이다. 머리 하나를 베어버려도(혹은 용이 땅에 착지를 잘못하거나 산속의 집으로 들어갈 때 잘못해서 크게 다치거나) 남은 머리 덕분에 살아있으므로 여전히 용이 할 수 있는 일을 다 할 수 있다.

다른 장점도 있다. 머리마다 각기 다른 유용한 기능을 갖출 수 있을 것이다. 예를 들어 한쪽 머리는 불을 내뿜고 다른 머리는 바람이나 전기를 뿜거나 독을 뱉을 수 있다(이번 장에서 자세히 살펴보자). 그런가 하면 머리 하나는 외부 충격에 강하고 다른 머리는 더 똑똑하거나 시각이나 청각이 뛰어날 수도 있다. 이런 가능성을 생각해볼 때 용의 머리를 여러 개 만들어주는 아이디어는 무척 흥미롭다.

하지만 실험실에서 머리가 여러 개 달린 용을 어떻게 만들 것인가? 생물학적으로 머리가 하나뿐인 용을 만드는 것이 훨씬 쉬울 것이다. 모든 척추동물은 성장 과정에서 머리가 하나만 발달하도록 정해져 있기 때문이다. 머리가 하나뿐이도록 진화한 데는 이유가 있다. 아마도 앞에서 살펴본 것 같은 여러 문제가 생길 수 있기 때문이다.

하지만 유혹을 이기지 못하고 용의 머리를 하나 이상 만들어 준다고 가정해보자. 머리가 2개인 척추동물이 실제로 있을까? 간단히 말하자면 있다. 드물긴 하지만 뱀과 파충류는 머리가 2개로 태어나기도 한다. 쌍두증이라고 하는데, 말 그대로 머리가 2개라는 뜻이다.

그렇다면 쌍두증은 왜 생기는 것일까? 놀랍게도 자궁에서부터 쌍둥이의 몸이 서로 붙어서 결합 쌍둥이(몸은 하나인데 머리는 2개인 쌍둥이)라는 것 때문이다. 결합 쌍둥이는 몸 안의 장기가 2개인 경우도 있고 하나뿐인 경우도 있다.

결합 쌍둥이는 '샴쌍둥이'라고 한다. 몸이 하나로 붙은 결합 쌍둥이로 태어나 서커스 공연을 했던 창과 엥에게서 따온 이름이다. 그들의 고향이 샴이라서(지금의 태국) 샴쌍둥이로 불리게 되었다. 창과 엥은 다른 결합 쌍둥이에 비해 건강했고 정상적인 수명을 누렸다.

결합 쌍둥이는 매우 드물다. 대부분 임신 기간을 버티지 못하거나 출산 도중에 사망하기 때문이다. 인간을 비롯한 동물들의 결합 쌍둥이 배아가 생존하기 어려운 이유는 몸이 하나로 합쳐지면서 발달이 크게 방해받기 때문이다.

머리가 하나 이상 달린 건강한 용을 만드는 것은 무척 어려운 일이다. 머리가 2개 달린 결합 쌍둥이를 만드는 데 성공해도 쌍둥이가 대칭을 이루며 결합해야만 한다. 왼쪽과 오른쪽이 거의 똑같고 머리를 한쪽에 하나씩 배치해야 한다. 하지만 일반적으로 결합 쌍둥이는 좌우 대칭을 이루지 않아 움직임 등에 어려움을 겪는다.[1] 2개의 머리가 달린 용이 비대칭을 이룬다면(왼쪽 머리는 제자리에 있는데 오른쪽 머리는 갈비뼈 근처에 달렸다거나 둘의 크기가 엄청나게 차이 난다거나) 정상적인 기능이 어렵다.

결합 쌍둥이가 발생하는 정확한 이유는 밝혀지지 않았지만 두 가지로 추측해볼 수 있다. 결합 쌍둥이는 처음에 서로 다른 두 수정란으로 성장한다. 자궁에서 2개의 배아로 성장하다가 초기 단계에 합쳐져서 계속 몸이 뒤얽힌 채 성장한다. 이렇게 이란성(겉모습이 같지 않은) 결합 쌍둥이가 된다. 하지만 결합 쌍둥이는 처음부터 하나의 수정란일 가능성도 있다. 일란성 쌍둥이가 그러하듯 하나의 배아가 갈라지지만 그 과정이 성공적으로 끝나지 않는다. 그래서 일부만 따로 떨어진 일란성 결합 쌍둥이 배아가 되어 서로 연결된 몸으로 성장한다.

쌍두증은 하나의 몸을 공유하지만 머리는 각자 있는 매우 희귀한 유형의 결합 쌍둥이다. 쌍두증에는 주로 두 가지 유형이 있다. 머리가 완전히 따로 떨어져 있거나 붙어있는 유형이다. 그림 5.2 는 야누스라는 거북인데 두 머리가 완전히 떨어져 있었다. 두 얼굴을 가진 로마의 신 야누스의 이름을 딴 것이다. 더 드물지만 인간 결합 쌍둥이 중에 하나의 머리에 얼굴이 2개인 경우도 있다.

결합 쌍둥이와 쌍두증의 원인은 밝혀지지 않았으므로 2개의 머리가 달린 용을 만들기 위해 정확하게 어떤 유형의 쌍두증이

그림 5.2 두 머리가 달린 거북 야누스. 제노바 자연사박물관의 살아있는 명물로 1997년에 태어났다.

필요한지 알 수 없다. 또한 두 머리가 완전한 대칭을 이루어 배치되어야 한다. 앞에서 말한 것처럼 대칭이 중요하다. 야누스의 머리는 몸의 앞쪽에 달렸고 서로 똑같이 생겼으며 대칭을 이룬다. 용의 머리도 그렇게 만들기는 절대 쉽지 않은 일이다. 하지만 비록 드물어도 자연적으로 일어나는 일이므로 이론적으로는 가능하다.

신화에 나오는 괴물 히드라(정확히는 레르나의 히드라)는 보통 용과 비슷하다고 여겨지는데, 다음 페이지의 그림에서 보듯 극단적인 형태의 쌍두증이다. 여러 신화에서 히드라의 머리는 수십에서 수천 개까지 다양하다. **그림 5.3**은 히드라와 싸우는 헤라클레스를 보여주는 작품이다. 이 판화에서 히드라는 머리와 다리가 무척이나 많다. 히드라의 편에서 헤라클레스와 싸우는 게

그리스 신화에 나오는 수많은 머리가 달린 히드라와 싸우는 헤라클레스의 모습이 담긴 그림.

와 가재도 보인다. 안타깝게도 게와 가재가 히드라의 조력자로 나선 이유는 찾을 수 없었다.

신화 속의 용은 머리가 잘리면 다시 자라기도 한다. 레르나의 히드라는 하나의 머리가 잘릴 때마다 두 머리가 새로 자란다고 설명되기도 한다. 하지만 진짜는 아니다.

실제 줄기세포 생물학은 일부 동물의 다치거나 잃은 신체 부위를 재생하는 방법을 알아내는 중이다. 줄기세포는 완전히 새로운 조직을 자라게 해줄 수도 있다는 점에서 동물 세계의 '조커'와도 같다. 실제로 역시나 이름이 히드라인 작은 해양 무척추동물과 일부 양서류와 도마뱀(용의 시작 동물 후보)은 줄기세포를 통해 꼬리나 팔다리가 재생된다. 매우 인상적인 두 사례는 팔다리가 재생되는 아홀로틀이라는 양서류와 머리와 거의 몸 전체가 재생되는 플라나리아충이다.*

하지만 용의 머리 전체가 재생되도록 하는 것은 꼬리나 발가락, 발, 다리를 교체하는 것보다 훨씬 힘들 것이다. 4장에서 인간도 자궁에서 자랄 때 잠깐이지만 꼬리가 있다고 한 것을 기억하는가? 태아가 자라면서 꼬리가 사라지고 꼬리뼈만 남는다 (**그림 4.5** 참고).

머리에는 뇌가 들어있어 구조가 매우 복잡하다. 재생된 뇌에 자신에 대한 기본적인 정보나 머리를 잃게 된 이유 등 이전의 기억이 전부 저장되어 있을까? 적어도 이론상으로는 용이 줄기세포로 머리를 재생하고, 새로운 뇌가 살아남은 뇌로부터 명령이나 기억을 전달받는 것이 가능하다. 물론 절대로 쉽지는 않겠지만.

해양생물 히드라의 재생력은 무척 놀라운데, 심지어 머리가 재생된다(인간의 머리와 달리 전혀 복잡하지 않고 진짜 뇌도 없지만 말이다). 연구자들은 히드라의 놀라운 재생력을 열심히 연구하고 있다. 언젠가는 히드라의 재생력에서 얻은 정보로 인간의 신체 부위를 고치고 재생하는 일이 가능해졌으면 하는 바람이다. 히

---

* https://www.npr.org/sections/health-shots/2018/11/06/663612981/these-flatworms-can-regrow-a-body-from-a-fragment-how-do-they-do-it-and-could-we

드라 연구에서 나타나는 흥미로운 사실은 히드라가 어딘가 다친 곳이 없는 평상시에는 몸에서 새 머리가 자라나지 않도록 적극적으로 억제해야만 한다는 것이다. 하지만 머리를 잃으면 그 억제 능력도 사라져서 새로운 머리가 자라날 수 있다.[3]

어쨌든 재미는 좀 떨어져도 용에게 완전한 기능을 갖춘 머리를 하나만 만들어주는 것이 현명한 선택인 듯하다. 일단 용의 머리를 하나만 만들어주는 것으로 하자.

우리들 용에 뿔이 있다면

뿔이 달린 용도 멋질 것이다. 뿔이 한두 개 달리면 더욱 멋져 보일 것이다. 실용성 측면에서 뿔은 용이 다른 동물을 머리로 받거나 싸움이 벌어졌을 때 유용하다. 세 뿔에 가운데 것이 가장 큰 경우가 미학적으로 가장 뛰어나리라고 생각한다. 5개의 뿔에 역시 가장 큰 것을 가운데에 넣을 수도 있다. 아니면 혹이나 돌기를 머리부터 등, 꼬리까지 넣어주어도 괜찮을 것이다.

앞서 그림 2.1 의 케찰코아틀루스의 화석 뼈대는 뿔 달린 용이 앉아있는 듯한 모습이다. 머리 맨 위에 뿔처럼 생긴 것이 툭 튀어나와 있다! 그 부위가 어떤 기능을 했는지는 모르지만 선사시대의 다른 동물에게 무서워 보이는 효과가 있었을 것이다. 적어도 우리 생각은 그렇다. 케찰코아틀루스가 불만 내뿜지 못했을 뿐 실제로 존재했던 용과 비슷한 종임을 기억하자. 자기

방어나 공격에 사용할 수 있는 돌기(특별한 유형의 뿔)를 만들어 줄 수도 있다.

그런데 뿔이란 정확히 무엇일까? 7장에서 자세히 살펴보겠지만 기본적으로 뿔은 피부로 둘러싸인 튀어나온 길고 좁은 뼈, 혹은 딱딱한 피부 같은 것이 몸에서 튀어나온 부분을 말한다. 7장에서는 유니콘을 비롯해 용 말고도 도전해볼 수 있는 다른 생물체에 대해서도 살펴볼 것이다. 뿔은 완전히 다른 것을 말하기도 한다. 예를 들어 일각고래는 기다란 뿔이 하나 있는 것으로 유명하다(유니콘의 뿔처럼). 하지만 그 뿔은 사실 기다란 엄니, 즉 이빨이다. 엄니가 달린 용은 어떨까? 별로다. 용에게 사슴뿔을 달아줘도 되겠지만 아주 많이 웃겨 보일 것이다!

용의 색깔: 단순하지 않은 선택

집이나 방의 페인트 색깔, 자동차나 아이폰의 색깔을 선택하기도 어렵다. 용의 색깔을 정하는 것도 마찬가지일 것이다. 너무 어려운 선택이다! 게다가 최종 결과물을 보기도 전에 처음부터 색깔을 결정해야 하므로 더더욱 그렇다. 용이 만들어진 후에 색칠하면 안 될까?

나중에 색깔 문신을 해주거나 색깔 있는 옷을 입히는 방법을 아예 제쳐둔다면 용의 색깔은 피부 조직의 색소 형태로 처음 날 때부터 정해진다. 깃털도 만들어준다면 깃털에 색깔을 추가할 수도 있다. 생물학적으로 피부에 색깔이 만들어지는 과정은 깃털에 색깔이 생기는 과정과 비슷하다. 2장에서 말한 것처럼 피부와 깃털이 성장 과정에서 똑같은 조직으로 만들어지므로 당연하다.

그렇다면 피부의 착색 과정은 어떻게 인간을 포함한 동물의 피부와 눈, 머리카락 등에 색깔을 입히는 것일까? 어떤 종은 식단이 착색에 큰 영향을 준다. 연어와 플라밍고를 한번 생각해보자. 둘 다 분홍색인 이유는 무엇일까? 분홍색 새우를 많이 먹기 때문이다. 사람도 당근이나 호박처럼 베타카로틴 색소가 가득한 채소를 많이 먹으면 피부가 약간 노란 색을 띠는 카로틴혈증이 나타날 수 있다. 나도 어릴 때 당근을 너무 많이 먹어서 피부가 약간 노랬다고 한다.

하지만 색소는 멜라노사이트melanocyte라는 특수 세포에 의해 동물의 체내에서 만들어진다. 이 세포에는 멜라닌이라는 색소 분자가 있다. '사이트'가 '세포'를 뜻하므로 '멜라노사이트'는 문자 그대로 '멜라닌 세포'라는 뜻이다. 멜라노사이트는 주로 피부에서 발견되는데 색소를 주변의 피부 세포인 케라티노사이트에 나눠준다. 이런 식으로 멜라노사이트가 만드는 색소가 피부 전체로 퍼질 수 있다.

멜라노사이트는 여러 단계를 거쳐 멜라닌을 생산한다. 그중 한 단계는 티로시나아제라는 효소(다른 분자를 변화시키는 단백질)에 의존한다. 티로시나아제는 아미노산의 일종인 타이로신을

그림 5.4 우리의 반려견 미카. 화이트 저먼셰퍼드 종으로 멜라노코르틴 1 수용체 단백질의 변이 때문에(색소 부족) 하얀색을 띤다. 하지만 검은 코와 갈색 눈에는 색소가 있다.

다른 물질로 바꿔 멜라닌 색소가 만들어지도록 한다. 티로시나 아제가 제대로 작동하지 않거나 만들어지지 않으면 멜라닌 생산 과정에 문제가 생겨서 멜라닌이 생산되지 않는다. 인간과 동물 가운데 색소가 없는 알비노는 티로시나아제 유전자에 변이가 생겨서 색소가 만들어지지 못하기 때문이다.[4] 알비노는 멜라닌이 결핍되는 질환으로, 피부처럼 정상적으로 착색이 이루어져야 하는 신체 부위가 분홍색에서 심지어 붉은색까지 다른 색깔을 띤다. 붉은색은 피부가 착색되지 않아 피의 색깔이 훤히 드러나기 때문이다.

착색을 조절하는 다른 요인도 있다. 보통은 암호화된 유전자의 변형이 인간이나 동물을 다양한 색깔로 만든다. 실제로 인간은 저마다 착색에 다른 영향을 끼치는 여러 유형의 멜라닌을 생성한다. 예를 들어 유멜라닌은 어두운 색소를 만들고 페오멜라닌은 밝은 색소를 만든다.

일반적으로 모든 세포에는 표면에 수용체가 있다. 수용체를 통해 환경과 혹은 서로 소통이 이루어진다. 수용체와 결합하는 리간드ligand라는 분자를 통해서 말이다. 착색에 관여하는 수용체인 멜라노코르틴 1 수용체MC1R에 자연적인 유전자 변형 혹은 돌연변이가 발생하면 개인이 유멜라닌이나 페오멜라닌을 얼마나 생성할 수 있는지 예측 가능한 변화가 일어난다.

예를 들어 우리 둘 중 아버지인 나는 더 밝은 피부에 주근깨, 붉은 머리카락(점점 벗겨지고 있지만)인데, MC1R 유전자의 변형으로 그런 색깔이 만들어졌을 것이다. 화이트 저먼셰퍼드 종인 우리 애완견 미카도 MC1R에 변이가 일어났을 가능성이 크다. 화이트 저먼셰퍼드 종은 대부분 이런 변이를 가지고 있다.

미카를 알비노라고 생각할 수도 있지만(실제로 그렇게 생각하는 사람이 많다) 자세히 보면 색소가 많은 부위도 있다. 눈은 진한 갈색이고 코도 보통 개처럼 검은색이다. 알비노 개는 코가 분홍색이고 눈은 매우 밝은 파란색이나 더욱 드물게는 분홍색이다(혈관이 비치기 때문이다).

생물학자는 대체로 착색을 제어하는 유전자와 요인에 관해 많이 알고 있다. 따라서 크리스퍼 유전자 편집 같은 유전자 기술을 이용해 특정한 색깔을 만들어 용의 색깔을 바꿔줄 수 있을 듯하다. 하지만 시작 동물의 본래 색깔이 용의 색깔에 큰 영향을 미치리라는 사실도 잊으면 안 된다.

특별히 선호하는 색깔은 없지만 용이 신체 부위마다 색깔이 다르다면 흥미로울 것이다. 카멜레온처럼 주변 환경에 따라 색깔이 바뀌게 할 수도 있을까? 잘은 모르겠지만 그러면 멋지고 실질적으로 도움도 될 것이다.

신화와 미술 작품에서 붉은색, 검은색, 황금색 등 다양한 색깔로 그려진 용은 저마다 능력과 기질도 달랐다. 하지만 용의 색깔이 성격과 정말로 연관성이 있는지는 이 프로젝트가 끝나야 알 수 있을 것이다.

1장에서 용의 역사에 대해 살펴보았는데, 용은 물과 연관이 있던 만큼 파란빛을 도는 초록색으로 표현되는 경우가 많았다. 유럽의 용은 주로 흉포함이나 사악한 본성에 어울리는 붉은색과 검은색으로 묘사되었다.

논리적으로 접근하면 환경에 어울리는 색깔로 만들어줄 수도 있다. 바다에는 파란색, 숲에는 초록빛 도는 갈색 등. 독을 가진 뱀이나 곤충처럼 위험을 경고하는 붉은색과 검은색 줄무늬를 넣어주어도 된다. 어쨌든 색깔은 용의 생존을 도와주고 미학을 만족시켜줄 것이다.

유전공학으로 흔치 않은 색깔을 만들 수도 있다. 글로피시 GloFish는 몇 년 동안 매우 밝은 색깔의 물고기를 만들었다. 유전

그림 5.5 글로피시GloFish에서 유전자 변형으로 만든 생물발광 물고기.

자 변형으로 만든 생물 발광 물고기는 평소에도 밝은 형광으로 빛나는데, 특수한 빛을 받으면 더욱더 환하게 빛난다. 형광으로 빛나는 용의 모습을 상상해보자(**그림 5.5** 참고).

파격적인 아이디어

3장에서 불을 만드는 여러 방법을 설명하면서 전기뱀장어를 살펴보았다. 전기뱀장어는 전기발생세포라는 특별한 세포로 이루어진 '발전기관'으로 매우 강력한 전류를 만들어낸다. 용에게 발전기관을 한두 개 만들어준다면 가연성 가스로 불을 내뿜을 수 있다.

불을 다른 방법으로 만든다고 해도 전기뱀장어처럼 발전기 관이 있으면 유용할 것이다. 환경을 감지하거나 먹잇감을 기절 시키거나 강력한 전류를 무기로 발사할 수도 있다. 특히 불을 제대로 내뿜게 하는 데 실패한다면 더욱 유용할 것이다. 발전 기관은 신체 기능 강화를 위해 주입한 장치에 동력을 공급해줄 수도 있다(나중에 다시 살펴보자).

바로 눈앞에서

용이 살아남기 위해서는 시력이 뛰어나고 색깔을 구분할 수 있 어야 한다. 용을 양안시로 만들어야 할까? 양안시가 되면 두 눈이 협조적으로 작용해서 사물을 볼 수 있다. 이 경우에 두 눈 의 시야가 상당히 겹치므로 시야의 심도가 더욱 강해진다. 양 안시가 되려면 인간, 독수리 같은 맹금류처럼 눈이 용의 머리 앞쪽에 위치해야 한다.

일부 조류와 파충류 대부분처럼 용의 눈이 머리의 측면에 있 어야 할까? 그러면 시야가 더 넓어진다. 양쪽 눈이 동시에 서 로 다른 곳을 본다. 용은 포식자이므로 맹금류처럼 양안시가 더 적합할 것으로 보인다.

일반적으로 새들은 눈이 크고 대부분 인간보다 시력이 훨씬 좋다.* 특히 지구상의 동물 가운데 시력이 가장 뛰어난 것으로 알려진 새가 있다. 조류학자 팀 버크헤드가 《오듀본》에 발표한 글에 따르면, 오스트레일리아 쐐기꼬리수리는 시력이 뛰어나지만, 여기에는 대가가 따른다. 버크헤드는 이렇게 적었다.

> 오스트레일리아 쐐기꼬리수리는 절대적으로나 상대적으로나 눈이 매우 크고 시력이 매우 좋다. 다른 새들은 시력이 뛰어나면 유용하겠지만 쐐기꼬리수리의 눈은 액체가 가득하고 무거워서 눈이 클수록 하늘을 나는 데는 적합하지 않다.

이 사실을 참고한다면 용의 눈은 시력이 좋은 적당한 크기가 좋다. 쐐기꼬리수리처럼 엄청나게 좋을 필요는 없다. 커다란 눈이 비행 실력을 떨어뜨리면 안 되니까.

과학자들은 동물의 시력을 어떻게 측정할까? 《스미스소니언 매거진》은 그 과학을 다루는 흥미로운 기사를 실었다.**

> 많은 새가 인간과 달리 자외선을 감지할 수 있어서 태양에서 나오거나 꽃에서 굴절되는 빛을 볼 수 있다. 용이 자외선을 감지할 수 있으면 유용할 수도 있지만 딱히 그럴 만한 이유가 생각나지는 않는다.

---

* https://www.audubon.org/magazine/may-june-2013/what-makes-bird-vision-so-cool

** https://www.smithsonianmag.com/smart-news/humans-see-world-100-times-more-detail-mice-fruit-flies-180969240/

그보다 더 실용적인 기능은 일부 새와 파충류의 눈꺼풀 안쪽에 있는 투명한 막이자 제3의 눈꺼풀인 순막이다. 순막이 있는 동물은 사냥감을 잡을 때처럼 극단적인 상황에서 눈을 보호해야 할 필요가 있다. 순막은 용이 사냥하거나 불을 뿜을 때 유용할지도 모른다. 눈은 매우 섬세한 구조로 이루어지므로 용의 눈이 열이나 불에 손상을 입는 일은 없어야 한다. 이 여분의 눈꺼풀이 있으면 용이 공중에서 빠르게 낙하할 때나 하늘을 가르며 날 때 먼지나 파편으로부터 눈을 보호할 수 있다.

반쪽만 자는 뇌

'한쪽 눈을 뜨고 잔다'는 표현을 들어보았을 것이다. 잠귀가 밝아서 위험 상황에 대처할 준비가 되어있다는 뜻이다. 고래목(고래와 돌고래)의 동물과 일부 새들은 뇌의 반쪽만 잠들고 한쪽 눈을 뜬 채로 잠들 수 있다.*** 《내셔널 지오그래픽》에서 이를 다음과 같이 설명했다.

> 최근까지 연구자들은 모든 동물이 인간처럼 숙면을 한다고 생각했다. 잠들거나 깨어있거나 둘 중 하나이며 동시에는 불가능하다고 말이다. 하지만 새, 고래, 돌고래 같은 해양 포유류는

*** https://scientificamerican.com/article/sleeping-with-half-a-brain/

매우 놀라운 현상을 보인다. 뇌의 반쪽은 깨어있어 한쪽 눈을 뜨고 있고 나머지 반쪽은 수면 상태에 해당하는 전기신호를 보인다. 이것은 뇌의 한쪽은 휴식을 취하고 다른 쪽은 하늘을 날거나 헤엄치거나 환경의 위험을 감시하게 해주는 방어 메커니즘일 가능성이 크다.

새와 고래목의 동물이 어떻게 뇌의 반쪽만 잠들 수 있는지는 완전히 밝혀지지 않았다. 하지만 그 원리가 밝혀진다면 용에도 이를 적용할 수 있을 것이다. 새를 시작 동물로 삼는다면 처음부터 가능할 수도 있다. 어떤 사람은 낮에 뇌 전체가 활동 중이어도, 하는 행동만 보면 뇌의 반쪽만 깨어있는 것처럼 느껴지니 말이다!

드래곤 GPS

우리는 용이 새처럼 나침반 같은 것을 타고나길 바란다. 그러면 우리가 구글 지도 같은 것으로 도와주지 않아도 혼자 먼 거리라도 길을 잘 찾을 수 있다. 몇몇 동물이 수천 킬로미터에 이르는 거리를 어떻게 정확하게 이동할 수 있는지에 대해 오랫동안 연구가 이루어졌다. 최근에야 그 원리가 밝혀졌다.

대이동을 하는 동물들은 몸에 GPS가 달린 것일까? '그러지 않을까?' 하고 생각되었지만 최근 연구자들이 그 원리를 알아냈다. 일부 새들의 눈에는 자기수용체라는 기관이 있다. 이 기관은 일종의 전기 센서다. 하지만 이 센서는 무척이나 놀랍다. 빛에 의존해 자석처럼 지구의 자기장에 반응하기 때문이다.* 결과적으로 그것은 빛에 의해 활성화되는 나침반이다. 용의 몸에도 그런 나침반이 있었으면 좋겠다. 용을 만들 때 철새를 시작 동물로 사용한다면 더욱더 쉽게 목표에 다가갈 수 있을 것이다.

생존 수영은 선택이 아닌 필수

우리가 만들 용은 다리 2~4개에 날개, 불 뿜는 능력을 갖춘 서유럽 스타일의 용이지만 1장에서 살펴본 것처럼 지역마다 용은 다른 모습으로 그려진다. 예를 들어 아시아에서 용은 고유한 특징을 지닌다.

아시아의 용은 날개가 없고 다리마저 없는 경우마저 있으며 꼭 불을 뿜는 것도 아니다. 실제로 고대 아시아의 용은 바다뱀처럼 생겨서 헤엄을 잘 친다고 그려졌다. 우리 용도 헤엄칠 수만 있다면 완전히 새로운 세계가 열릴 것이다.

날개가 있고 불을 뿜지만 헤엄을 치거나 물속에서 시간을 보낼 수도 있게 할 순 없을까? 그러려면 새가 물속으로 급강하할

---

*   https://www.sciencedaily.com/releases/2018/02/180207120617.htm

때처럼 날개를 접어야 한다. 펭귄도 수영 실력이 뛰어난데 뭉툭하고 작은 날개로 물속에서 '날아다니는' 덕분이다. 따라서 커다란 날개를 가진 용에게는 적합하지 않을지도 모른다.

용이 헤엄을 잘 치도록 지느러미나 아가미를 만들어주거나 양서류처럼 피부로 숨 쉬게 해줄 수도 있다. 고래처럼 물을 내뿜게 해주면 어떨까? 날개와 마찬가지로 용의 발가락도 '물갈퀴' 모양의 막으로 만들어줄 수 있다. 하늘에서뿐만 아니라 물속에서도 강하고 능숙한 용을 만들려면 수많은 선택지를 고려해볼 수 있지만 실제로 가능하게 하는 것은 무척 어려울 것이다.

직립 보행이 가능한 다리

용의 다리도 만들어주어야 한다. 적어도 2개는 필요하다. 전 세계의 신화에 나오는 용은 다리의 숫자가 제각각이다. 다리가 아예 없는 뱀 같은 용도 있고 히드라처럼 정반대로 엄청나게 많은 예도 있다(그림 5.3 참고). 따라서 용의 다리를 몇 개나 만들어줄 것인지도 선택해야 한다. 날개를 다리로 치지 않는다고 할 때 다리가 2개가 되어야 할지, 4개가 되어야 할지의 딜레마가 기다리고 있다. 4개 이상을 만들어주어도 되겠지만 그러면 품위가 떨어질 것 같다.

드라마 〈왕좌의 게임〉의 용들과 영화 〈호빗〉과 〈반지의 제왕〉에 나오는 용 스마우그는 모두 2개의 날개에(변형된 형태) 다리가 2개뿐인 와이번이다. 이 용은 '네 발'로 땅에 착지한다. 날개의 '팔꿈치 부분'을 앞다리 삼아 걷거나 길 수 있다. 별로 품위 있는 모습은 아니지만 문제없이 돌아다닐 수 있다. 뭔가 익숙하게 느껴진다면 **그림1.4**에 나왔던 케찰코아틀루스를 한 번 살펴보자.

반면 용의 다리가 4개이고 날개가 2개라면 땅에서 더욱 효과적으로 움직일 수 있고 미학적으로도 만족스러울 것이다. 하지만 현실적으로 다리가 4개면 하늘을 나는 모습이 별로 우아해 보이지 않을 수 있다. 그래도 다리 4개에 날개가 달린 용은 신화와 미술은 물론이고 영화 〈드래곤 길들이기〉 같은 현대의 판타지에도 꽤 흔하다.

프테라노돈, 새, 박쥐 같은 실제로 날개 달린 척추동물들의 다리가 4개가 아닌 데는(부속물이 총 6개가 아닌 데는) 이유가 있다. 아마도 공기역학과 중량이 크게 관련되어 있을 것이다. 게다가 척추동물의 기본적인 성장 청사진에는 부속물이 6개가 아니라 4개다. 따라서 부속물을 6개(다리 4개와 날개 2개) 만드는 것은 더욱 힘든 일일 것이다. 하지만 절지동물(곤충)은 잘 나는데다 보통은 2개의 날개에 다리가 6개다. 선택지를 계속 열어두겠지만 일단은 날개가 달리고 다리가 4개인 용을 만드는 쪽으로 하겠다.

생각해봐야 할 다른 요소

3장에서 살펴본 것처럼 반추위나 모래주머니, 아니면 그 둘을 합친 기관이 있으면 유용할 것이다. 소화를 도와줄 뿐만 아니라 용이 위석(위에 든 돌)을 이용해 가연성 가스에 불을 붙일 수도 있다.

용의 피부

용의 피부는 외부의 공격에 대한 첫 번째 방어선이다. 용은 대부분 도마뱀이나 기타 파충류처럼 비늘이 있는데, 이는 거의 모든 문화권마다 일관적으로 나타나는 특징이다. 3장에서 말한 것처럼 깃털을 달아주는 것도 피부와 관련해 흥미로운 선택이 될 수 있다.

 지금까지 용을 안전한 동물로 만드는 것이 매우 중요한 과제였다. 불을 뿜는 용 때문에 목숨을 잃을 수도 있다는 것이 큰 우려기는 하지만 용이 어쩌다 스스로 불에 타는 일도 생길지 모른다. 비늘이 그런 사고에서 보호해주는 방법이 될 수 있다. 처음에 든 생각은 비늘이 크게 손상되면 새로운 비늘이 자라도록 해주자는 것이었다. 보통의 비늘은 열을 어느 정도는 견디지만 완전한 내화성은 아니므로 용이 불에 더욱 잘 견디도록 비늘을 두껍거나 여러 겹으로 만들어주어야 할 것이다. 떨어진 비늘이 저절로 재생된다면 더욱 유용할 것이다.

두껍고 튼튼한 비늘은 용이 하늘을 날다가 어딘가에 부딪히거나 무기를 가진 인간에게 공격당하는 등의 사고를 예방할 수 있다.

맹독 뿜기

용이 불뿐만 아니라 강력한 독도 뿜을 수 있다면 어떨까? 독 뿜는 코브라를 생각해보자. 독사는 대부분 상대를 물어서 상처를 입히거나 죽이지만 스피팅코브라는 독을 '뱉거나' 뿌릴 수도 있다. 이상하게도 스피팅코브라의 독은 크게 위험하지는 않다. 피부나 입안에 닿으면 물집이 생기는 정도다. 하지만 눈에 닿으면 실명이 될 수도 있어 위험하다.

스피팅코브라의 송곳니는 최대 약 180센티미터 떨어진 사냥감에까지 강력하게 독을 뿜을 수 있다(**그림 5.6**에서 보듯 코브라가 뱉은 독이 멀리까지 날아간다). 독을 뿜는 이유는 자신을 방어하거나 위협 대상이나 먹잇감을 꼼짝 못 하게 하려는 것이다. 스피팅코브라는 조준 실력이 탁월한데 먹잇감의 눈을 맞히기 때문에 모순적이게도 '눈을 뜰 수 없는 정확성blinding accuracy'이라고 한다. 눈이 아니라 전반적으로 머리를 노릴 수도 있다.*

용이 코브라처럼 독을 뱉어낸다고 생각해보자. 그 기술이 유용하게 쓰일 수 있다. 한참 불을 뿜어대다가 잠시 쉬어야 할 때

그림 5.6 방어를 위해 독을 뿜는 모잠비크 스피팅코브라.

는 대신 독을 뱉는 무기를 사용한다. 또한 불에 잘 견디는 적이
라도 독을 맞으면 눈이 멀 수 있다.

용에 어울리는 목소리를 찾아서

용이 소리를 내지 못하거나 조용한 모습이라고 생각하는 사람
은 없을 것이다. 용이 내는 소리는 포효에 가까울 것이다. 하지
만 우리 용은 말소리도 낼 수 있어야 한다. 적어도 말을 알아들

---

* https://www.nationalgeographic.com/animals/2005/02/news-cobras-venom-
eyes-perfect-aim/

어야 훈련과 소통이 가능하다. 말할 수 있다면 가장 좋겠지만.

용이 어떻게 말을 할까? 인간을 비롯해 동물은 어떻게 말을 할 수 있는 것일까? 말은 생리적인 측면에서 매우 복잡하다. 목소리 상자(후두)와 뇌의 특정 영역이 관여할 뿐만 아니라 폐 (말을 하려면 공기를 움직여야 하므로)와 혀 같은 부위와도 관련이 있다. 실제로 목소리로 소통이 가능하려면 혀뿐만 아니라 치아, 입술, 코는 물론 인두(코와 입 뒤쪽의 구멍)도 필요하다.

음식을 기도로 들이마시지 않기 위해서도 후두 같은 기관이 필요한데, 용이 목소리를 낼 수 있도록 이 기관을 변형해야 한다. 인간이 말하고 노래할 수 있는 이유는 후두에 있는 성대 덕분이다. 뇌도 말을 이해하고 해석해야 한다. 새들은 후두가 아니라 그와 비슷한 명관이 있다. 고유한 뇌 구조 덕분에 명관이 노래하고 가끔 말도 할 수 있게 해준다. 동물의 발성 기관에는 다른 신체 부위도 중요하다. 하지만 도마뱀은 말하지 못한다. 발성기관이 없다. 도마뱀보다 새를 시작 동물로 삼아야겠다는 생각이 굳혀진다.

우리는 용이 꼭 말할 수 있도록 목소리를 만들어줄 것이다. 우선순위는 아니지만 노래를 부르게 만드는 것도 재미있을 수 있다.

딸이냐 아들이냐

용이 딱 한 마리가 아니기를 바란다면(우리의 바람이다) 수컷과 암컷을 한 마리씩 만들어야 한다. 매번 처음부터 새로 용을 만들 필요 없이 생식 가능한 한 쌍이 번식하는 것이 장기적으로 가장 좋은 방법이다. 하지만 건강한 용을 한 마리 만드는 것도 힘든데 생식 능력을 갖춘 암컷과 수컷을 한 마리씩 혹은 더 많이 만들려면 더욱더 힘들 것이다.

한 마리만 만들 수 있다면 암컷과 수컷 중에 어느 쪽이 더 나을까? 여러 이유에서 최초의 용은 암컷이 더 나을 듯하다. 그 이유를 알아보기 위해 우선 영국의 동물원에 사는 코모도 플로라의 이야기를 살펴보자.

플로라는 수컷과 짝짓기를 한 적이 없는데도 갑자기 알을 낳았고 알이 실제로 부화했다. 사람들은 깜짝 놀랐다.* 일부 파충류는 수컷 없이도 번식할 수 있는 희귀한 사례가 있는 것으로 밝혀졌다. 정자에 의해 수정되지 않아도 난자가 배아로 성장하기 시작한다. 이를 단성생식이라고 한다. 파충류가 이 과정으로 새끼를 낳으면 대부분 수컷이 태어나고 이론상으로는 어미와 교미할 수 있다. 이상하게 들리겠지만 파충류에게서 가끔 이상한 점이 발견된다.

---

*   https://www.scientificamerican.com/article/strange-but-true-komodo-d/

인간을 비롯한 여러 종은 성별을 결정하는 XY 염색체가 있다. 암컷은 XX이고 수컷은 XY인데(양성의 특징을 지닌 변이가 가끔 발생한다), 새와 다수의 파충류는 W와 Z 염색체 시스템을 사용한다. ZZ가 수컷이고 WZ는 암컷이다. 예를 들어 코모도 암컷의 난자에 단성생식이 일어나면 ZZ(수컷)나 WW(불가능) 염색체 조합만 가능하므로 수컷만 태어날 수 있다. 공룡의 성 결정 시스템도 WZ 염색체나 그와 비슷한 것이었을지도 모른다.

반면 극도로 드물지만 상어 같은 일부 척추동물에서는 단성생식으로 건강한 암컷만 태어날 수 있다. 이러한 제한은 여러 동물에 사용되는 XY 염색체 성결정시스템 때문이다.

따라서 용이 단성생식을 하면 성염색체의 특징에 따라 새끼의 성별에 무척 복잡한 결과가 일어날 수 있다. 더 자세한 내용이 궁금하다면 《사이언티픽 아메리칸》에서 파충류의 성 결정 시스템에 관한 훌륭한 설명**을 읽어보기 바란다. 놀랍게도 주변 환경의 기온이 파충류의 성별을 좌우할 수 있다.

최초의 용을 암컷으로 만들어야 할 이유, 아니, 수컷용을 하나라도 만들어야 할 이유가 있을까? 물론이다. 정상적인 유성생식(용의 짝짓기를 '정상'이라고 할 수 있을지 모르겠지만)이 이루어져야만 정상적인 출산을 거쳐 건강한 새끼 용으로 자라날 가

** https://www.scientificamerican.com/article/experts-temperature-sex-determination-reptiles/

능성이 크다. 난자의 수정이 자궁 밖에서 일어나는 체외수정을 포함해 다른 생식법도 있지만 위험이 따르고 개체의 건강에도 영향을 미칠 수 있다.

단성생식이나 복제 같은 더 극단적인 생식이 일관적으로 성공하려면 현재보다 기술이 더욱 발달해야 한다. 또한 유성생식은 용의 유전적 다양성을 늘려주어 새로운 세상에 적응하기 유리할 것이다. 새로운 세대의 용이 예상치 못한 새로운 특징을 진화시킬지도 모르는 일이다.

어떤 동물은 암수의 성질을 모두 지니거나 성이 바뀌는데, 이를 자웅동체라고 한다. 용이 자웅동체라면 유용하겠지만 만들기가 복잡할 것이다. 따라서 유성생식으로 새로운 용이 태어나게하는 것이 우리의 목표다. 그래야 유전적 다양성도 높여주고 진화도 촉진할 수 있다.

레벨업!

용의 디자인을 더 밀어붙이면 어떨까? 용에게 더 놀라운 힘과 능력을 더해주는 것을 우리는 '레벨업'이라고 부르겠다. 레벨업은 평범한 동물은 물론이고 일반적인 용의 능력까지 초월할 수도 있다.

그냥 용이 아니라, 예술이나 신화에 묘사된 것처럼 훨씬 더 강력한 용을 만들 수 있다면? 하늘을 날고 불만 내뿜는 게 전부일 필요는 없지 않은가? 기존의 기술을 이용하거나 새로 발명해서 용을 '레벨업'할 수 있다. 영화나 만화책에 나오는 다양한 능력을 포함해 여러 특징을 추가할 수 있다.

우선 용의 눈부터 살펴보자. 앞에서 용에게 어떤 눈을 만들어줄지 이야기했다. 레벨업으로 시력을 엄청나게 좋게 해줄 수도 있을 것이다. 슈퍼맨의 투시력을 만들어줄 수는 없어도 독수리보다 좋고 현미경에 가깝게 좋은 시력은 가능하다. 뱀 같은 동물이 가진 적외선 시야를 용에게 만들어주어도 된다. 뛰어난 야간 시력도 생각해볼 수 있다.

올빼미 같은 야행성 동물은 어떻게 어둠 속에서 잘 볼 수 있을까? '야간 시력'를 가진 동물들의 눈에는 몇 가지 공통점이 있다. 일반적으로 눈이 커서 더 많은 빛을 모을 수 있고 고유한 망막 구조가 나타난다. 눈의 안쪽을 받치고 있는 망막에 빛에 반응하는 광수용체라는 세포가 있다. 이 세포는 색깔을 감지하지 못하지만 빛에 매우 민감한 막대 모양과 색깔 있는 빛을 감지하는 원뿔 모양으로 나뉜다.

올빼미 같은 야행성 동물은 망막 말고도 눈에 특별한 세포층인 휘막이 있다.* 휘막은 광수용체에 빛을 반사해 더 많은 빛이 사용할 수 있도록 해준다. 따라서 야간 시력이 매우 좋아진다. 이 반사 기능은 무지갯빛 효과도 내는데, 이를 안광eyeshine이라

---

*   https://www.nationalgeographic.org/media/birds-eye-view-wbt/

고도 한다. 인간은 휘막이 없으므로 눈에서 빛이 나지 않는다 (사진에서 눈이 빨갛게 나오기는 하지만). 안광은 휘막이 있는 동물의 눈에서 매우 분명하게 나타난다. 눈이 무지갯빛으로 빛나는 것이다. 그림 5.7 처럼 우리는 한밤중에 고양이의 눈이 빛나는 것을 직접 보았다.

고양이의 안광이 멋지면서 으스스하다고 생각한다면 어둠 속에서 용을 만날 때 크게 번득거리는 눈이 제일 먼저 보인다고 생각해보자. 과연 도망칠 수나 있을까?

레벨업 아이디어는 또 있다. 앞서 살펴본 것처럼 용에게 뿔이나 비늘을 만들어줘야 할까? 그것도 좋다. 하지만 뿔과 비늘을 강력한 무기로 만들 수도 있다. 끝부분을 금속으로 뾰족하게 만든다거나 먹잇감에 강력한 독을 재빨리 뿜어내게 한다.

무엇이든 뚫을 수 있는 특수한 이빨은 어떨까? 좋은 방법이다. 상어나 악어처럼 용도 이빨을 계속 교체할 수 있다.[6]

특별한 능력은 가진 꼬리는? 파충류의 꼬리는 이미 강력한 무기지만 용에게 집을 부수거나 적을 죽일 만큼이나 강한 꼬리를 만들어줄 수 있다.

역시나 앞서 말한 것처럼 용이 헤엄을 칠 수 있을 뿐만 아니라 아가미로 숨 쉬고 물가나 물속에서 살 수 있게 해줄 수도 있을 것이다. 한마디로 아시아의 신화에서 나타나는 용과 다르지 않은 양서류 용이다.

다른 업그레이드도 가능하다. 매우 빠른 비행 속도도 흥미진

그림 5.7 야간에 눈에서 빛이 나는 샴 고양이.

진하다.* 익룡의 비행 속도는 시속 약 96~110킬로미터 이상 정도로 추정된다. 용이 제트기나 아이언맨처럼 대단히 빠른 속도로 날 수 있다면 시간이 크게 단축될 것이다. 속력을 시속 약 240킬로미터 정도로만 높여줘도 환상적이다.

용의 잘린 머리가 재생되면 어떠냐는 이야기는 앞에서 했다. 그렇다면 영화 〈엑스맨〉 시리즈에 나오는 울버린처럼 엄청난 치유력은 어떨까? 줄기세포로 모든 상처가 치유된다면 싸울 때나 은밀한 공격을 받을 때나 유용할 것이다. 줄기세포 기반

---

* https://www.livescience.com/24071-pterodactyl-pteranodon-flying-dinosaurs.html

의 재생력은 다음 장에서 다시 이야기해보자.

온몸에 갑옷을 두르면 용이 엄청난 공격도 물리칠 수 있다. 고강력 섬유 케블라kevlar처럼 튼튼한 비늘로 온몸을 덮어주면 어떨까?

수명이 매우 길거나 아예 불사의 존재로 만든다면? 〈반지의 제왕〉이나 〈왕좌의 게임〉같은 판타지 세계에 나오는 용은 불사의 존재도 아니고 모든 공격을 견딜 수도 없다. 두 작품에서 용은 죽을 수 있는 존재다. 게다가 죽지 않는다는 것은 현실적으로도 불가능하지 않은가? 영원히 산다고 알려진 '불사 해파리'도 사실은 그렇지 못할 것이다.

불사까지는 아니더라도 용의 수명이 매우 길면 좋을 수도 있지만 용이 우리보다 오래 살면 어떻게 될지도 생각해봐야 한다. 누가 용을 돌봐주고 행동을 끌어줄 것인가? 이 문제에 대해서는 8장에서 이야기해보자.

레벨다운…

지금까지 용을 강하게 만들어주는 방법을 고민했다. 하지만 끔찍한 상황이 발생할 것을 대비해 괴수 같은 면을 '없애는' 방법도 마련해두는 것이 좋겠다. 예를 들어 용이 시장이나 우리를 잡아먹으려고 하면 어떻게 할까? 그만두라고 해야 한다. 하지만 주인이 애완견에게 하듯 무서운 목소리로 "쑵! 떽! 그만!"이라 외쳐도 통하지 않을 수 있다.

애완견이 주인의 말을 듣지 않고 샌드위치를 몰래 먹은 후 거실에 '큰일'을 봐도 그리 큰일은 아니다. 하지만 개가 이웃을 공격하는 것이라면 순식간에 정말 큰일이 될 수 있다. 개와 비교도 되지 않을 정도로 위험한 용이라면 말할 필요도 없다. 용이 위험한 짓을 저지르려고 하는데 평소에 말을 듣지 않을 때 쓰는 방법이 통하지 않는다면 어떻게 해야 할까?

그런 긴급 상황이 벌어질 때 완전히 통제권을 쥐는 방법이 있어야 한다. 목숨을 구하는 길이기도 하고. 그럴 경우를 대비해 일종의 스위치를 끄는 방법이 있으면 좋다. 극단적인 상황에서는 그 스위치가 용의 목숨을 앗아갈 수도 있다. 힘들게 만든 용을 죽이고 싶지는 않지만 우리 자신이나 수많은 사람의 목숨이 위험해진다면 어쩔 수 없다.

아무리 가상의 상황이라도 말하는 것조차 괴롭지만 용을 잃는 것이 나은 선택이다. 우리는 바보가 아니다. 처음부터 계속 이야기해왔지만 용을 만드는 과정에서 잘못될 수 있는 일이 수없이 많다. 용이 통제를 벗어난 상황에서 큰 재앙을 일으키려는 경우를 대비한 예비책이 있어야 한다.

물론 복잡한 방법을 쓰지 않고 그냥 주인이 통제 불능 상태의 용을 죽이면 되지 않느냐고? 하지만 그것은 비극인 데다 무척이나 힘든 일이다. 우리가 만들 용은 회복력이 강하고 힘도 셀 테니까. 그런 용과 싸워 목숨을 빼앗는 것은 절대로 쉬운 일이 아니다. 오히려 우리가 목숨을 잃을 가능성이 크다. 선택의 여지가 없다고 생각될 때 스위치를 끄는 것이 가장 나을 것이다.

용을 죽이는 오프 스위치는 생물학적인 특징을 띨 수 있다. 용의 체내에서 곧장 독소가 퍼지거나 전기로 심장을 멈추는 시스템을 설계할 수 있다. 리모컨을 누르면 용의 몸속에 박힌 작은 캡슐이 열리고 독소가 나오거나 심장에 치명적인 충격이 가해지는 것이다.

아니면 유전공학으로 스위치를 만들 수도 있다. 용이 특정한 화학물질에 민감해 슈퍼맨과 크립토나이트처럼 죽음에 이를 수도 있도록 말이다. 하지만 용의 식단을 바꾸거나 하는 방법으로 유전적 감수성을 촉발해야 하므로 조금 번거롭다. 예를 들어 용이 말을 잘 들으면 그 치명적인 화학물질에 저항성이 생기게 해주는 먹이를 준다. 그리고 말을 듣지 않을 때는 그 물질에 민감하게 만드는 먹이를 주는 것이다. 하지만 이 방법은 시간이 오래 걸린다. 너무 느리다!

더 빠른 방법이 필요하다. 용이 통제 불능 상태가 되면 '드래곤 크립토나이트'를 준다. 화학물질을 얼른 주입하거나(벌에 물렸을 때처럼 치명적인 알레르기 반응이 일어난 사람에게 응급처치로 에피네프린을 재빨리 주입하는 에피펜처럼), 용이 가장 좋아하는 먹이에 그 물질을 몰래 섞는다(땅콩버터나 소시지에 약을 몰래 넣어 애완견에게 주는 것처럼). 하지만 용을 죽이는 화학물질은 자연에 존재하지 않고 오로지 주인만 가지고 있어야 한다.

덜 극단적인 대비책으로 회복 가능한 스위치를 만들 수도 있다. 용을 죽이지 않고 일시적으로 무력화하는 스위치 말이다. 오고갈 수 있는 '온-오프' 스위치에 가깝다. 재앙도 피하고 소중한 용도 지킬 수 있으니 오프 스위치보다는 이 방법이 좋을 듯하다. 용의 몸속에 독이나 폭발성의 캡슐을 넣어두지 않고 마취제처럼 잠깐 기절시키는 약을 넣어 리모컨으로 작동하면 된다. 하지만 안전하고 효과적인 양이 어느 정도인지 알아야 한다. 기절만 시키고 해롭지는 않은 약이 무엇인지도. 이것은 집중적인 연구가 필요한 주제일 수도 있다. 악어처럼 큰 동물을 진정시키는 방법을 토대로 해도 된다.

용의 몸속에 안전하고 효과적인 오프 스위치를 설치한다고 해도 용이 하늘을 날고 있을 때 작동하면 어떻게 될까? 좋을 리가 없다. 스위치를 작동시키려면 인내심을 가져야 할 것이다. 하지만 기다리면서 용이 계속 날도록 내버려두면 통제 불능 상태로 더 위험한 짓을 저지를 것이다.

게다가 멀리 떨어져 있으면 기절시킬 때 용이 무엇을 하고 있는지조차 알기가 어렵다. 용의 몸에 영구적 카메라를 설치하고 실시간으로 감시한다고 해도, 카메라가 해킹당하거나 고장 나거나 용이 카메라를 제거해버리면 어떻게 할까?

스파이 영화에서 몸에 설치하는 기기가 많이 나온다. 용이 멀리에 있을 때 오프 스위치를 리모컨으로 작동시키면 큰 문제가 된다. 타이밍도 그렇지만 먼 거리로 인해 제대로 작동되지 않을 수도 있다. 세계 어디에서든지 스위치가 작동하려면 인공위성 신호를 이용해야 한다.

또 다른 생물학적 선택지로 신경이식술이 있다. 와이파이를 통해 활성화된 이식물이 뇌에 전기신호를 보내 용이 의식을 잃게 하는 것이다. 화학약품이 아니라 약간의 전기 충격을 가해 용을 기절시킬 수 있다. '기절' 요법은 용의 몸속에 있는 발전기관에서 나오는 전기를 이용할 수도 있을 것이다(3장 참조). 어쨌든 용을 죽이는 것이 아니라 잠깐 기절시킨다.

온-오프 스위치의 가장 큰 걱정거리는 제어장치가 다른 사람의 손에 들어갈 수도 있다는 것이다. 용을 제어하거나 죽일 수도 있다. 혹은 나쁜 짓을 하게 시킬지도 모른다.

사고로 죽을 가능성은?

용에게 어떤 특징을 추가해주든 용을 만들고 보살피는 우리가 죽을 위험이 항상 도사린다. 용의 주인이라는 말은 어울리지 않는다. 용을 소유하는 것이 과연 가능할까? 더욱 강하게 업그레이드할수록 용이 고의로나 실수로나 우리를 죽이는 데 그 힘을 쓸 가능성도 커지기 때문이다. 레벨업은 분명 흥미진진함과 동시에 위험천만하다.

데코레이션은 필수

이러한 레벨업에는 흥미와 위험이 공존하는 딜레마가 있지만 다양한 특징을 더해주는 재미있는 시도를 해볼 수 있다. 용을 여러 마리 만든다면 머리부터 꼬리까지 다양한 특징을 실험해볼 수 있다. 또한 다양한 레벨업 아이디어를 파고드는 것도 즐거울 것이다.

6장

섹스, 드래곤, 그리고 크리스퍼

Sex, dragons, and CRISPR

진화에 지름길이 있다면

진짜 용을 만드는 방법에 관한 연구는 용의 성sex부터 시작해야 할까?

꼭 그렇지는 않다. 하지만 우리의 연구에 따르면 용을 만들기 위한 연구의 길은 모두가 생식과 성장 생물학 연구에 좌우된다. 이 연구는 주로 자연수정이나 체외수정에 의한 유성생식에 좌우할 것이다. 이 접근법에는 복제를 비롯해 얼마 되지 않는 예외가 있다. 복제에 대해서는 이 장에서 살펴볼 예정이다.

용의 특징을 지닌 동물을 만들고 궁극적으로 진짜 용을 만드는 일의 성공 여부는 동물의 배아나 배아의 특정 세포에서 DNA를 바꾸는 것에 달려있다. 이를 위해서는 시작 동물(앞에서 말한 것처럼 새나 도마뱀 등)이 많이 필요할 것이다. 시작 동물에서 시작해 용과 점점 더 닮은 중간 동물을 만들다 보면 결국 용을 만들 수 있을 것이다.

날도마뱀이든 새든 혹은 여러 동물을 조합해서 만든 용과 비슷한 키메라든 시작 동물에 상관없이 정기적으로 배아를 만들고 변형해야 한다. 간단히 말하자면 저마다 성장 단계가 다른 배아들은 유성생식에 의해 만들어진다. 자연적이기도 하지만 체외수정에 의해 이루어지기도 할 것이다. 이 모든 과정은 우리가 용을 만들 실험실에서 이루어질 텐데, 그 실험실에는 동물 시설이 포함되어야 한다. 제대로 된 실험이 이루어지고 동물을 제대로 관리하려면 동물을 보살피고 체외수정을 시행할 적어도 수의사 한 명과 수의사 보조들이 필요하다. 체외수정이란 과연 무엇일까?

체외수정은 약 40년 전에 영국의 의사 로버트 에드워즈가 불임 부부가 아이를 가질 수 있도록 고안한 방법이다. 체외수정은 자연수정과 달리 수정이 몸 안에서 이루어지지 않고 난자와 정자가 든 배양 접시에서 이루어진다. 참고로 '수정'은 정자가 난자에 붙어 합쳐져서 배아가 만들어지는 과정이다. 인간을 포함해 수많은 동물의 성장이 이루어지는 첫 단계다. 만들어진 배아는 엄마의 자궁에 삽입되고 9개월 후 건강한 아기가 태어난다(한 명 이상일 수도 있다). 전문가들은 배양접시에서 정자와 난자를 합치는 대신 두 생식세포가 합쳐질 가능성을 높이기 위해 정자를 곧장 난자에 주입하기도 한다(**그림 6.1**).

체외수정의 약어인 'IVF'의 'I'와 'V'는 '체외'라는 뜻의 'in vitro'를 가리킨다. 체외에서 이루어지는 수정은 불임 부부가 마주하는 문제를 피해 가도록 해줄 뿐만 아니라 엄마의 자궁으로 들어가기 전에 배아의 유전자를 바꾸는 기회를 제공한다. 이를테면 크리스퍼 유전자 편집 기술을 이용한다. 하지만 인간에게 이 기술을 쓰는 것은 여러모로 좋지 않을 듯하다. 이론상으로는 체외수정으로 서로 다른 동물의 정자와 난자, 그리고 배아를 합쳐서 키메라를 만드는 것이 가능하다.

노벨상을 받은 로버트 에드워즈의 체외수정 연구와 이를 크

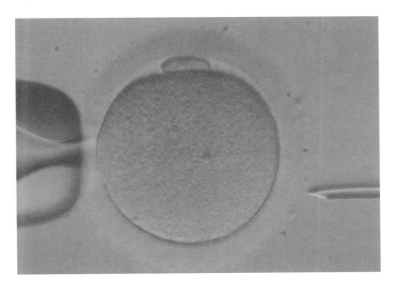

그림 6.1 인간의 체외수정 모습. 난자가 자연적으로 정자에 의해 수정되기를 기다리지 않고 오른쪽의 바늘로 정자를 주입한다. 왼쪽은 주입이 이루어지는 동안 난자를 고정해주는 도구다.

리스퍼와 함께 사용할 경우의 결과에 대해 자세히 알고 싶다면 《GMO 사피엔스의 시대》(2016, 반니)를 읽어보기 바란다.[1] 자연적인 방법이나 체외수정을 이용한 생식법뿐만 아니라 복제 같은 첨단 기술도 용을 만들 때 도움이 될 수 있다. 유성생식에만 의존하지 않아도 될 뿐더러 더 유연하게 할 수 있다. 하지만 복제는 거의 완벽에 가까운 복제품을 만들 수 있겠지만 예측할 수 없는 면도 많다. 또한 여러 종에서 복제는 아직 시도되지 않거나 완전하지 못하다.

용 만들기 연구는 복제뿐만 아니라 줄기세포에도 의존할 수 있다. 이미 줄기세포를 이용한 인간의 불임 문제 해결에 많은 관심이 향하고 있다. 줄기세포로 정자와 난자를 만들어 체외수정에 사용하는 것이 연구의 목적이다. 인간의 줄기세포로 복제 인간을 만들자는 주장도 나왔지만 논란이 무척 많다. 용 연구에서 줄기세포는 여러 기술과 접근법을 시험하는 중요한 도구가 되어줄 것이다. 용에게 우리가 원하는 특징을 만들어줄 유전자를 편집하는 것처럼 말이다.

배아의 유전자를 바꿀 때는 무엇을, 언제 바꿀지에 모두 고도의 정확성이 필요하다. 유전공학의 성공은 동물의 발달 과정에서 정확히 언제, 어떤 변화를 주는지에 달려있다. 예를 들어 팔이 될 부분을 날개로 바꿀 때 변화를 임의로 주어서는 안 될 것이다. 반드시 적재적소에서 변화가 이루어져야만 한다. 마찬가지로 용이 불을 내뿜기 위해 중요한 반추위를 만들려면 동물의 위장관에 제때 정확한 변화를 주어야 한다. 타이밍이 잘못되면 아무런 변화가 일어나지 않거나 다른 조직에 해를 끼치는 거대한 반추위가 만들어지는 등 불상사가 일어날 수 있다.

성공률을 높이려면 초기 발달 단계에 유전자 변형이 이루어져야 한다. 발달 과정이 진행될수록 배아나 태아를 바꾸기가 어려워진다. 하지만 발달 단계의 뒷부분으로 가서 변화를 주어야만 성공할 수도 있다. 너무 일찍 손대면 배아의 성장을 아예 망친다.

용 만들기에 유전공학 기술을 활용하기 전에 동물의 생식세포와 배아에 관한 예비 조사가 필요하다. 다양한 실험을 해보면서 수많은 실패를 겪으며 성공에 가까워질 것이다. 실제로 과학의 원리도 그러하다.

다행히 용 만들기의 과학은 아예 처음부터 시작할 필요는 없다. 우리는 수십 년 동안 발전해온 발생학과 발생생물학, 유전학, 줄기세포 연구 결과를 토대로 정신 나간 것처럼 보일 수도 있는 새로운 방향을 시도해볼 것이다.

새의 성장 과정은 잘 알려졌지만 우리는 도마뱀의 성장에 관해 그리 잘 알려지지 않은 사실을 발견했다. 꼭 성공해서 용을 만들고 싶지만, 비록 실패하더라도(하지만 그럴 가능성은 작을 것이다) 우리의 용 연구는 활발한 연구가 이루어지지 않은 동물들에 관한 중요한 지식을 세상에 남길 수 있을 것이다. 실패해도 전적인 시간 낭비는 아니라는 뜻이다.

오늘날 가장 큰 관심이 쏠리는 크리스퍼 유전자 편집 기술도 활용할 것이다. 우리는 유전자에 변화를 주는 이 기술로 용에게 필요한 특징을 만들어주려고 한다. 줄기세포와 정자, 그리고 하나의 세포로 이루어진 배아에 크리스퍼를 사용할 것이다. 크리스퍼로 변형된 배아로 유전자 변형 유기체를 만들 수 있다.

시작 동물이나 용의 자연스러운 짝짓기는 무척 복잡해서 용이 만들어지는 과정도 느려질 것이다. 용이 성적으로 성숙해질 때까지 50년이 걸리면 어쩔까? 우리 연구자들의 남은 수명보다도 더 오래 걸리는 셈이다. 어떻게든 실험실에서 연구 속도를 높인다고 해도 크나큰 장애물로 작용할 것이다.

꼭 그런 것은 아니지만 큰 동물일수록 임신 기간도 길어진다. 코모도는 임신 기간이 인간과 비슷해 도마뱀치고 매우 길다. 따라서 코모도를 기반으로 만들어진 덩치가 커다란 용의 임신 기간은 몇 년이나 될 수도 있다. 우리에게는 그만한 시간이 없다! 코모도를 비롯한 동물들은 오랜 임신 기간 때문에 생식이 미뤄지기도 한다. 상태가 개선되어야만 다시 알을 낳는다.* 용도 그렇게 된다면 연구 과정이 더욱 느려지게 된다.

생식 능력을 갖춘 암컷과 수컷을 만드는 데 성공해도 짝짓기를 하지 않거나 서로 죽이려고 들지도 모른다. 다시 코모도를 예로 들자면 수컷 코모도들은 치열하게 싸워 승자를 가린다. 대개 그 싸움은 유혈 사태로 이어지는데 다행히 죽음을 부르지는 않는다. 싸움에서 이긴 수컷은 암컷에 주의를 돌리는데 이번에는 둘이 싸움을 벌인다.[2]

이러한 이유에서 체외수정과 복제는 시간을 한층 앞당겨줄 수 있다. 보통 파충류는 알을 잔뜩 낳는다. 알을 낳지 않고 새끼를 낳는 파충류는 소수뿐이다. 우리는 시작 동물과 중간 동물이나 용이 교배를 통해 알을 많이 낳기를 바란다. '정상적인' 조건에서도 부화되지 않는 경우가 많을 테니 알이 많이 필요하다. 게다가 유전자 변형 과정에서 성장이 느려지거나 실패할

---

*   https://nationalzoo.si.edu/animals/komodo-dragon

수도 있으니 위험성이 더 크다. 시작 동물이 새라면 알의 개수가 조금 줄겠지만 알을 꽤 많이 낳는 새들도 많다.

코모도를 비롯한 여러 도마뱀이 자주 동족 포식을 한다는 사실은 우리의 프로젝트를 더욱 어렵게 만든다. 코모도 성체는 어리고 덩치가 작은 코모도를 잡아먹는다. 놀랍게도 코모도의 먹잇감에서 같은 코모도가 큰 부분을 차지한다. 힘들게 용을 만들고 교배까지 시켰는데 어른 용이 새끼 용을 잡아먹는다면 얼마나 허탈하겠는가.

용의 교배에서 또 힘든 점은 암컷과 수컷을 정확하게 구분하는 일이다. 시작 동물로 삼을 가능성이 높은 도마뱀과 새는 전문가가 아닌 보통 사람이 성을 구분하기가 거의 불가능하다. 서로 다른 암컷과 수컷의 성 염색체에 따라 유전체를 배열하는 방법이 있다. 하지만 염색체 배열이 꼭 성과 일치하지 않는 동물도 있다.

앞에서 언급했듯이 기온 같은 환경에 따라 성이 바뀌는 동물도 있다. 또 어떤 동물은 수컷의 개체가 부족하면 암컷이 수컷으로 바뀐다. 이러한 변화는 성장 과정에서 더 흔하지만 개구리와 물고기에서 보듯 성체로 자란 뒤에도 일어난다.**

종합해보면 시작 동물과 용을 교배하는 일은 몇 주만에 엄청나게 많은 새끼를 낳는 쥐와는 비교되지 않을 정도로 복잡할

** https://indianapublicmedia.org/amomentofscience/sex-nature-happen/

것이다.

어쩌면 용을 만들면서 하게 될 여러 시도는 용의 진화를 이끌고 속력을 높이는 일인지도 모른다. 우리는 아예 불가능하거나 수만 년, 수억 년이 걸리는 용 만들기 프로젝트가 단 몇십 년으로 단축되기를 바란다. 수십 년 내에 용이 만들어져야 죽기 전에 용과 함께할 시간이 생길 테니까.

우리 용의 성교육

번식 가능한 한 쌍의 용을 힘들게 만드는 데 성공한다고 해보자. 과연 용은 짝짓기를 하고 새끼를 낳고 좋은 부모가 되는 방법을 본능적으로 알까?

아닐 것이다. 용에게 짝짓기 하는 방법을 가르쳐주어야 할 것이다. 과연 용을 위한 '성교육'을 어떻게 해주어야 할지 고민이 된다. 다소 어색한 일일 뿐만 아니라 위험한 상황이 발생할 수도 있다. 부모에게 자녀의 성교육은 무척 껄끄러운 일인데 하물며 상대가 용이라면 어떨까? 하지만 꼭 필요한 일이다.

만약 유성생식으로 용의 개체 수가 늘어난다면 우리 용은 좋은 부모가 되어야 한다. 도마뱀은 부화할 알을 '품지' 않는다. 알에서 태어나자마자 새끼 도마뱀은 혼자가 된다. 하지만 용은 새끼의 생존율이 높아지도록 새끼를 보살펴줄 것이다. 필요하다면 우리가 양부모가 되어서 새끼 용을 보살필 수도 있다.

황금알, 그리고 정자

생각해보면 인간이 하나의 수정란에서 자란 존재인 것은 굉장한 일이다. 하지만 그 중요한 시작 세포starting cell에서 나쁜 변이처럼 뭔가 문제가 생기면 정말로 큰일이다. 인간(용, 모든 동물도)을 이루는 무수히 많은 세포가 바로 그 시작 세포에서 나오기 때문이다. 반대로 크리스퍼를 이용해 수정란에 원하는 변이를 설계하는 데 성공한다면 원하는 유전자 변화가 모든 세포에 적용된다. 용을 만드는 측면에서 보면 좋은 일이다. 하지만 성체 도마뱀을 비롯해 다 자란 동물의 무수히 많은 세포의 유전자를 원하는 대로 바꾸기는 거의 불가능하다.

도마뱀의 팔이나 다 자란 동물의 주요 부위에 있는 세포만 유전자의 상태를 바꾸는 것은 가능할까? 힘들기는 하겠지만 그래도 가능성이 클 것이다. 최신 의학 연구를 보면 현실적으로 가장 좋은 보기가 나타난다. 과학자들이 일부 환자들의 면역계에 유전자 변화를 주는 데 성공했다. 면역계가 제대로 작동하지 못하게 하는 변이(DNA 오류), 즉 면역결핍증을 보이는 환자들이다. 더 근래에는 일부 면역결핍증 환자들의 혈액 줄기세포에서 병을 일으키는 유전자의 오류를 바로잡았더니 병이 잠재적으로 치료되었다.*

앞에서 말한 것처럼 우리는 실용적인 이유에서 용을 아예 처음부터 만드는 것이 아니라 기존의 동물이나 여러 동물의 조합에서 시작할 것이다. 하지만 이미 다 자란 동물을 이용한다는 뜻은 아니다. 대신 생식세포나 줄기세포를 이용할 것이다.

참고로 세포 같은 원재료와 3D 프린팅 같은 기술을 합쳐서 용을 '처음부터' 만들어볼 수도 있다. 하지만 기존의 동물과 유전공학을 이용하는 방법보다 더욱 혁신적인 기술 발달이 필요하다. 하지만 3D 프린팅으로 용을 만든다니 흥미진진해보이는 방법이기는 하다. 그런 것이 가능하다니 믿어지지 않겠지만 과학자들은 이미 줄기세포와 다른 세포를 3D 프린터의 잉크로 이용해 살아있는 조직을 만들려고 시도했다.

이론상으로 기가 막히는 방법이 또 있다. 여러 동물의 신체 부위를 합쳐서 용을 만드는 '프랑켄슈타인'식이다. 예를 들어 커다란 도마뱀의 몸에 커다란 새의 날개를 수술로 붙여준다. 프랑켄슈타인 드래곤이 멀쩡하게 움직일 수 있을지 모르겠지만, 정말로 그런 용이 만들어진다면 생김새가 무시무시할 것이다. 게다가 지난 2018년은 메리 셸리의 《프랑켄슈타인》이 탄생한 지 200년이 되는 해였으니 이 아이디어도 아예 무시하지는 말아야겠다.

하지만 시작 동물의 난자와 정자를 추진제로 이용하는 것이 현실적인 방법이다. 이를테면 먼저 코모도의 난자를 채취한다

---

* https://newsroom.ucla.edu/releases/pioneering-stem-cell-gene-therapy-cures-infants-with-bubble-baby-disease

(코모도가 다치거나 목숨을 잃지 않도록 조심해서). 그다음 크리스퍼로 용의 특징이 나타나도록 난자의 유전자를 변형해 배양접시에서 코모도의 정자와 수정시킨다. 정자 또한 신중하게 채취해야 하는데 아직 그 방법을 생각해내지 못했다. 그러고 나서 수정란을 부화기 안에서 키워 부화시킨다. 그전까지 알에는 용과 닭을 특징을 지닌 배아가 계속 들어 있는 것이다.

건강하게 부화한 '시험관' 코모도-드래곤 새끼는 아마도 하늘을 날고 불을 뿜는 용과 비슷할 것이다. 예를 들어 시험관 코모도는 비막이 있어서 하늘을 날 수 있다(비막이 무엇이고 어떻게 날게 해주는지는 2장 참조). 몇 세대의 시간과 여러 가지 유전자 변형을 거쳐 이 비막은 실제 날개로 만들어질 수 있다.

코모도 대신 날도마뱀으로 시작하면 어떨까? 2장에서 살펴본 것처럼 날도마뱀은 매우 작고 실제로 날지는 못하지만 나무 사이를 활공할 수 있다. 날도마뱀에도 같은 방법을 사용해보자. 다 자란 날도마뱀의 정자와 난자를 채취해 크리스퍼 유전자 편집 기술로 특정 유전자를 바꾼다. 이를테면 덩치가 커지도록 한다. 튼튼한 날개가 달리도록 팔을 길게 하거나 비막을 더 크게 바꿀 수도 있다. 날도마뱀은 비막이 팔 일부분에 걸쳐있지만 팔 전체에 걸쳐있도록 바꿔도 된다(보통 날도마뱀의 모습은 **그림 2.2** 참고).

박쥐를 비롯해 성장 과정에서 실제로 용하고 비슷한 모습을 보이는 동물들이 있다. **그림 6.2** 는 검정사냥개박쥐black mastiff bat

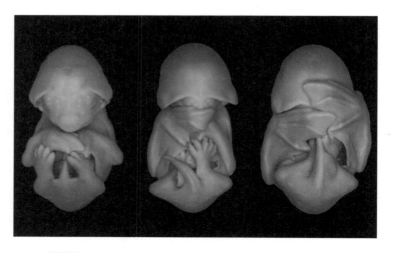

그림 6.2 검정사냥개박쥐 배아와 태아의 성장 단계. 태아가 성장할수록 앞다리가 커지고 비막도 더욱 뚜렷해진다. 용의 태아도 이와 비슷한 모습일지 모른다.

의 성장 모습이다. 왼쪽에서 오른쪽으로 성장이 진행될수록 앞다리가 길어지고 비막이 자라면서 실제로 날 준비가 갖춰진다.

그림 6.2의 실험 이미지를 사용하도록 허가해준 생물학자 도리트 호크먼 박사는 박쥐와 여러 동물의 날개 발달에 관한 멋진 연구를 시행했다. 이 연구에서는 특정 분자가 어떤 원리로 날개의 발달을 담당하는지가 밝혀졌다.[5, 6]

소닉 헤지호그sonic hedgehog라는 분자는 박쥐의 다리가 성장하는 데 매우 중요하다(분자의 이름은 게임 캐릭터에서 따왔다).[7] 소닉 헤지호그는 매우 강력한 성장 인자로 어떻게 행동해야 하는지 세포에 지시를 내린다. 얼마나 많이 만들어져야 하고 언제 성숙해야 하는지도 말이다. 이 분자는 파리부터 인간까지 수많은 동물이 성장하는 데 중요하며 대부분 같은 원리로 작용한다. 생물학에서는 이러한 일관성을 보존성이 높다고 표현한다. 최근 연구에서는 소닉 헤지호그가 뇌 발달과 뇌종양에 중대한 영향을 끼친다는 사실이 발견되었다.

새를 시작 동물로 삼아 용을 만들 수도 있다. 그러려면 알에 있을 때부터 일찌감치 유전자에 변화를 주어야 한다. 그 기술은 이미 나와 있다. 새의 배아는 배아 발달 연구에 많이 쓰인다. 비교적 연구하기가 쉽고 실험실에서 변형을 가하기도 쉽기 때문이다. 새로 용을 만든다면 처음에는 불을 내뿜는 기능에 유리하도록 유전자를 변형하는 데 집중해야 한다. 일반적으로 새는 이빨이 없으므로 용에게 어울리는 이빨도 만들어주어야 한다.

새, 코모도, 날도마뱀, 기타 파충류가 알을 낳는다는 사실은 배아 상태에서 유전자를 변형할 때 무척 유용하다(<mark>그림 6.3</mark>의 턱수염도마뱀이 알에서 깨어나는 모습 참조). 새끼의 성장이 어미의 몸 밖에서 이루어진다는 뜻이기 때문이다. 유전자 변형된 난자가 껍질 속에 있는 상태로 성장과 부화가 이루어질 수 있다. 연구자들은 훈련이 제대로 이루어지면 새의 배아가 손상될 위험 없이 유전자를 변형시킬 수 있다는 사실을 발견했다.

나는 초등학교 3학년 때 학교에서 메추리알을 부화시킨 적이 있다. 교실에 마련된 부화기에서 메추리가 부화하는 모습은 정말로 신기했다. 하지만 교실의 부화기에서 용이나 용처럼 생

그림 6.3 약 2개월의 부화 과정을 거쳐 알에서 막 깨어나는 턱수염도마뱀.

긴 동물이 깨어난다면 어떨까!

유명한 줄기세포 연구자 로버트 란자 박사는 10대 때 새끼 새를 연구했다. 집안 지하실에서 새끼 새의 성장에 관한 생물학 실험을 성공시킨 그는 실험 결과를 들고 하버드 의과대학을 찾아 큰 관심을 받았다.* 지하실에 마련된 실험실에서 용을 만들기란 무척 어렵겠지만 분명히 시도해볼 사람이 있을지도 모르겠다.

하지만 체외수정으로 새의 건강한 알을 만들고 정상적으로 새끼가 태어날 수 있는지는 확실하지 않다.[8, 9] 새의 단일 세포 배아로 용 만드는 실험을 시작할 때 체외수정이 불가능하다면

---

*   https://www.robertlanza.com/who-is-robert-lanza/

크리스퍼 기술을 이용하는 것도 어려울 것이다. 그러면 일부 세포에만 유전자 변형이 나타나도록 새의 배아가 어느 정도 성장했을 때 크리스퍼를 이용하거나 배아줄기세포에 크리스퍼를 적용해 배아에 이식해야 한다. 이것은 새로 용을 만들 때 가장 큰 걸림돌이 될 것이다. 새의 체외수정을 최적화하는 연구가 필요하다.

체외수정 과정에서 파충류의 생식세포의 유전자를 변형시킬 때도 비슷한 문제가 나타날 수 있다. 하지만 연구자들이 파충류[10]와 새의 유전자 변형 방법을 개발하는 중이다.** 2019년 초에 도마뱀을 대상으로 크리스퍼 유전자 편집에 성공했다는 흥미로운 기사가 발표되었다.***

시작 동물의 생식세포를 이용한다면 그것을 탄탄한 토대로 삼아 용을 만들어볼 수 있다. 정상적인 생식법과 유전자 편집, 키메라가 주로 이용될 것이다. 하지만 유전자 변형이나 키메라 제작에는 배아가 살아남지 못하는 경우처럼 예기치 못한 결과가 생길 수 있으므로, 유전자 변형을 한 번에 조금씩 실험해야 한다. 또한 여러 세대의 동물이 필요할 테니 인내심을 가져야 할 것이다. 하지만 여러 세대를 거치느라 시간이 너무 오래 걸릴 수 있으니(운이 없으면 우리가 살아있는 동안 연구를 끝내지 못할지

** https://www.nytimes.com/2019/02/25/science/split-sex-gynandromorph.html
*** https://sciencemag.org/news/2019/04/game-changing-gene-edit-turned-anole-lizard-albino

도 모른다) 아직 방책을 연구 중이다. 힘들게 연구해서 겨우 만들어진 용을 제대로 볼 시간은 있어야 하니까. 용에게 목숨을 잃는다고 해도 말이다.

서로 다른 동물의 정자와 난자를 체외수정해서 잡종 동물을 만드는 것도 가능하다. 실제로 서로 다르지만 연관 있는 동물들이 성공적으로 짝짓기를 하기도 한다. 안타깝게도 우리가 용을 만들기 위해 서로 다른 동물을 교배시키면 생식 능력이 없거나 건강에 문제가 있는 새끼가 태어나거나 다 자라기도 전에 죽을 수도 있다.

하지만 종간 짝짓기로 생식 능력을 갖춘 건강한 새끼가 태어나기도 한다. 생식 능력이 없더라도 건강하다면 이런 식으로 용을 만들어 복제할 수 있다. 야생에서 서로 다른 새의 짝짓기가 이루어진다는 것은 성공적인 종간 짝짓기의 가장 좋은 사례이므로* 새를 이용해서 용을 만든다면 이 부분의 융통성이 커질 수 있다.

아니 근데 줄기세포가 뭐야

앞서 언급했듯이 줄기세포는 용 만들기 프로젝트의 핵심 기술

---

* https://www.nytimes.com/2013/04/23/science/does-bird-mating-ever-cross-the-species-line.html

이다. 그렇다면 줄기세포는 무엇이고 여기에는 어떤 종류가 있을까? 난자 같은 생식세포는 엄밀히 말해서 줄기세포의 일종이지만, 용을 만들 때 고려해야 할 다른 줄기세포도 있다. 생식세포가 엄밀하게 말해서 줄기세포라는 사실이 놀라울지도 모른다. 정확히 '줄기세포'가 무엇을 말하는지 잠깐 살펴보자.

줄기세포에는 두 가지 중요한 특징이 있다. 이 세포는 자가재생능력이 있어서 자기와 똑같은 세포를 만들 수 있고 분화 과정을 통해 특수한 세포도 만들 수 있다. 줄기세포가 성숙해 (분화) 특수한 세포가 되는 능력을 역가potency라고 하며, 이는 곧 줄기세포가 자가재생과 분화 능력이 꼭 있어야 한다는 뜻이다. 생식세포는 수정을 통해 더 많은 생식세포를 가진 완전히 새로운 생명체를 탄생시키므로 생식세포도 줄기세포라고 할 수 있다.

줄기세포는 대부분 생식세포만큼 유연적이지 못하다. 줄기세포는 자기 자신과 동일한 세포를 만들 수도 있지만 대개는 특정 조직세포로 분화한다. 예를 들어 근육 줄기세포는 똑같은 세포를 더 많이 만들어 근육을 늘리지만 연관된 유형의 세포도 만든다. 그렇다. 일반적으로 혈액 줄기세포는 혈액세포만 만들 수 있고 폐 줄기세포는 폐세포만 만들 수 있다.

우리는 용을 만들 때 만능줄기세포pluripotent stem cell라는 특별한 줄기세포를 이용할 것이다. 이것은 어떤 세포든 만들 수 있는 매우 강력한 줄기세포다. 분화를 통해 뉴런·근육·폐 세포 등 우리 몸의 그 어떤 세포도 만들 수 있다. 생식세포만큼이나 강력한 셈이다.

만능줄기세포에는 배아줄기세포embryonic stem cell(ES세포)와 유도만능줄기세포induced pluripotent stem cell(IPS세포)가 있다. 둘 다 실험실에서 만들 수 있는 특수한 줄기세포다. 배아줄기세포는 대부분 체외수정된 배아에서 분리된다. 예를 들어 인간의 배아줄기세포는 대부분 체외수정으로 생성된 여분의 배아에서 분리된다. 소를 비롯한 다른 종도 마찬가지다.[11] 최근에 복제 기술로 배아줄기세포를 만드는 데 성공했지만[12, 13] 그 과정은 매우 복잡하다.*

엄밀하게 말하자면 ESC를 만드는 데 이용되는 복제 기술은 생식 복제와는 다르다. 생식 복제는 〈오펀 블랙〉 같은 드라마에서 보듯 완전히 똑같은 유기체를 만드는 것이다(모두 자란 상태가 아니라 어린 개체의 형태지만). 복제 생물은 복제된 생물과 거의 똑같지만 복제 과정이나 성장 환경에 따라 약간의 차이가 있을 수 있다.

용의 세포가 존재한다면 생식 복제를 통해 용을 만들 수 있다. 따라서 용을 만드는 데 성공한 후에는 복제 기술로 배아를 만들어 용의 개체 수를 늘릴 수 있을지도 모른다. 또 용의 멸종을 막기 위해 인간의 체외수정 배아와 마찬가지로 용의 배아를

---

* https://www.nature.com/protocolexchange/protocols/3117

액화 질소에 저장해두는 방법도 있다. 냉동 보존한 배아로 나중에 필요할 때 또 용을 만들면 된다.

우리가 만든 용이 안타깝게도 생식 능력이 없다면 이론상으로 피부나 혈액세포로 유도만능 줄기세포를 만들 수 있다. 우선 유도만능 줄기세포가 무엇이고 배아줄기세포와 어떻게 다른지부터 알아야 한다. 거의 똑같지만 ES세포가 배아로 만들어지는 반면 IPS세포는 피부 세포처럼 완전히 성장하여 태어난 동물의 평범한 세포로 만들 수 있다는 점에서 ES세포와 다르다.[14]

용의 IPS세포는 어떤 점에서 유용할까? 안타깝게도 유전공학으로 만들어진 새로운 동물은 생식 능력이 없을 수도 있다. 따라서 우리가 만든 용도 생식 능력이 없다면 피부세포로 IPS세포를 만들 수 있다. 그다음 IPS세포로 생식세포를 만들거나 직접 복제 용을 만들어볼 수 있다.

우리가 만든 용에게 생식 능력이 있더라도 나중을 생각해서 IPS세포를 만들어 냉동해두는 것이 좋다. 용의 냉동 IPS세포는 일종의 보험처럼 활용할 수 있다. 용이 병들었을 때 IPS세포로 고쳐줄 수도 있기 때문이다. 예를 들어 눈에 문제가 있으면 IPS세포로 눈세포를 만들어서 다치거나 병든 눈에 이식해주면 된다. IPS세포 기반의 이식술로 사람을 치료할 수 있는지는 밝혀지지 않았지만 임상 시험이 활발하게 이루어지고 있어서 새로운 형태의 의학이 탄생하리라는 희망이 있다.*

폴의 실험실에서는 오랫동안 쥐와 인간의 IPS세포를 만들고 연구했다. IPS세포를 어떻게 만들까? 과학자들은 '리프로그래밍 인자reprogramming factor'를 피부 세포 같은 평범한 세포에 넣어 IPS세포로 만들 수 있다. 리프로그래밍 인자는 특정한 유전자의 활동 수준을 통제하는 단백질로서 세포가 스스로 만능이라고 '생각하도록' 다시 암호화한다. 놀랄 정도로 효과적이다.

IPS세포와 ES세포로 동물의 생식세포를 만드는 시도도 이루어졌다.** 게다가 이론상으로 IPS세포와 ES세포가 생식세포 대신 사용되어 완전히 새로운 유기체를 만들 수 있다는 사실이 최근 동물실험을 통해 증명되었지만*** 인간의 경우는 아직 시도되지 않았다. 이는 용을 만드는 것과 달리 분명히 위험하고도 현명하지 못한 시도일 것이다.

IPS세포와 ES세포는 완벽하지 않으며 실험실에서 성장하는 동안 변이가 일어날 수 있다. 따라서 인간의 IPS세포와 ES세포를 이용해 복제인간을 만드는 것은 위험하고도 윤리에 어긋나는 일이다. 《줄기세포Stem Cells: An Insider's Guide》에는 이 세포과 윤리적인 문제를 다룬다.[15]

---

*   https://ipscell.com/2017/06/talk-ips-cells-future-genomic-medicine-mtg/

**   https://sciencemag.org/news/2016/10/mouse-egg-cells-made-entirely-lab-give-rise-healthy-offspring

***   https://www.nature.com/stemcells/2009/0908/090806/full/stemcells.2009.106.html

안타깝게도 용의 ES세포와 IPS세포는 존재하지 않는다. 만약 존재한다면 조금 전에 말한 것처럼 그것으로 새로운 용을 만들 수 있을 텐데. 하지만 용을 만드는 데 사용할 시작 동물의 ES세포와 IPS세포를 만들 수는 있다. 예를 들면 코모도나 날도마뱀, 새의 ES세포나 IPS세포를 만들 수 있다.

그런 세포가 이미 존재할까? 안타깝게도 도마뱀의 ES세포나 IPS세포가 만들어진 적이 있다는 증거를 찾지 못했지만, 그렇다고 불가능하거나 존재하지 않는다는 뜻은 아니다. 누군가가 그런 세포를 만드는 데 성공했지만 연구 결과를 발표하지 않았을 수도 있으니 말이다. 물론 세포 만들기에 성공하거나 필요한 세포를 추적하는 것은 쉬운 일이 아니다. 하지만 흥미롭게도 조류의 ES세포를 만든 연구가 있으므로 새를 용의 시작 동물로 선택하고 싶은 유혹이 생긴다.[16]

시작 동물의 생식세포를 채취하기는 비교적 쉬울 테지만(물론 포악한 코모도의 정자나 난자를 채취하는 것이 절대 만만하지는 않겠지만) ES세포나 IPS세포가 있으면 매우 유용할 수 있다. ES세포나 IPS세포는 실험실에서 끊임없이 성장하고 확장되는 불멸의 세포지만 생식세포는 채취도 어렵고 일반적으로 실험실에서 자라지도 않는다.

우리의 프로젝트에서 유용하게 사용하기 위해 ES세포나 IPS세포를 잔뜩 만들 수도 있다. 예를 들어 새의 난자와 정자나 배아보다는 ES세포와 IPS세포에 유전자 편집 기술을 적용하기가 훨씬 쉬울 것이다. 유전자 변형된 ES세포나 IPS세포로 생식에 필요한 정자와 난자, 배아를 만들 수 있다. 여러 종의 난자에 크리스퍼를 적용해 유전자 편집된 배아를 만드는 기술이 점점 발달하므로 그 방법을 먼저 시도해볼 수 있을 것이다.

수컷도 짝짓기도 필요하지 않다면?

앞에서 살펴본 것처럼 최초의 용을 암컷으로 만들어 단성생식으로 용 무리를 만들 수도 있다. 단성생식으로 용을 만들 수 있다면(암컷과 수컷의 짝짓기 없이) 개체 수를 늘리기가 훨씬 쉬워진다.

하지만 단성생식의 큰 단점은 유전적으로 똑같은 새끼가 태어난다는 것이다. 그러면 용이 새로운 동물로서 세상을 살아가며 적응하기가 힘들어진다. 결과적으로 용의 건강이 나빠져서 생존율도 줄어들 수 있다. 결국 유전적 다양성이 줄어들어서 멸종한다. 힘들게 만든 용이 금방 멸종해버리면 무슨 소용인가? 생식 복제 같은 새로운 방법도 유성생식의 대안이 될 수 있지만 단성생식처럼 유전적 다양성의 부족이라는 문제가 생긴다. 하지만 줄기세포와 생식이 겹치는 분야의 연구는 현재 무엇이 가능한지 모를 정도로 매우 빠르게 변화하고 있다.

2018년에는 동성 부모에게서 나온 쥐를 연구한 결과가 발표되었다.[17] 아빠는 없고 엄마가 둘일 때 가장 성공적인 결과가 나왔다.* 건강하지 못한 새끼들도 있었지만 나머지는 건강했고, 나중에 새끼까지 낳았다. 하지만 엄마 없이 두 아빠로 생겨난 일부 배아는 자궁에서 다 자라기도 했지만 거기까지였다. 12마리 중 생후 48시간 이상 살아남은 개체는 두 마리뿐이었다.

스탠퍼드대학교 법의학 교수 행크 그릴리는 저서 《섹스의 종말The End of Sex》에서 인간이 섹스 없이 번식할 수 있는지에 대해 살펴봤다.[18] 복제를 이용한 생식은 인간의 번식에서 섹스의 중요성이 줄어드는 방법이다.

복제 수업

용을 만드는 과정에서 복제가 분명히 이용될 것이다. 복제는 어떻게 가능할까? 원예에 친숙한 사람이라면 알겠지만 어떤 식물은 가지를 조금 잘라 심는 간단한 방법만으로 복제할 수 있다. 잘라서 심은 부분은 유전적으로 동일한 식물로 자란다. 하지만 일반적으로 동물에게는 불가능한 방법이다.

그렇다면 동물은 어떻게 복제할 수 있을까? 그 과정은 다른 세포와 마찬가지로 세포핵이 들어 있는 난자로 시작한다. 세포핵에는 DNA가 있다. 난자와 정자세포는 수정을 통해 DNA가

---

* https://www.nationalgeographic.com/science/2018/10/news-gene-editing-crispr-mice-stem-cells/

합쳐져 새로운 DNA가 만들어진다. 새로운 DNA는 접합체라는 단일세포로 이루어진 배아의 단일핵으로 합쳐진다.

복제는 수정 과정을 우회한다. 대신 난자에서 핵(그리고 그 DNA)을 꺼낸다. 정자는 개입하지 않는다. 핵을 제거한 난자에 길고 얇은 바늘로 다른 세포의 핵(예를 들어 다 자란 동물에서 채취한 피부세포의 핵)을 주입한다. 이렇게 하면 잡종이 탄생한다. 성인 세포핵이 들어간 난자다.

흥미롭게도 이 잡종 난자에 전기 또는 화학 충격을 약간 가하면 스스로 단일세포 배아라고 '생각해서' 접합체로 발달하기 시작한다. 자궁 내에서 다 성장한 복제물의 수많은 세포는 주입된 성인 세포핵과 똑같은 DNA를 갖게 된다. 실험실의 배양 접시에서 며칠 동안 정상적으로 자란 복제된 배아는 의학적 과정을 통해 정확하고도 조심스럽게 양어머니의 자궁으로 이식한다. 무사히 성장을 거쳐 탄생한 아기는 성인 세포를 제공한 개체와 유전자가 같다. 이것이 바로 현재 가축 교배에 자주 사용되는 '생식 복제'다.

농부에게 100만 마리에 한 마리 나올까 말까 한 훌륭한 암소가 한 마리 있다고 해보자. 평범하게 수컷과 교배시키면 훌륭한 품종이 나올 가능성이 작다. 유성생식은 무작위적인 과정이기 때문이다. 하지만 복제로는 훌륭한 암소와 똑같은 개체를 만들어낼 수 있다. 하지만 복제는 성공이 항상 보장되는 것은 아니다. 복제에는 치료 복제therapeutic cloning라는 것도 있다. 생식 복제와 똑같은 단계를 거쳐 이루어지지만 배아를 이식하지 않는다. 대신 앞에서 살펴본 것처럼 배아로 ES세포를 만든다.

복제에 관한 잘못된 정보와 고정관념이 너무도 많다. 미국 식품의약국FDA이 발표한 복제에 관한 오해에 관한 글은 한번 읽어볼 가치가 있다.* 주로 가축의 복제에 관해 이야기하고 복제를 통해서도 건강하고 정상적인 새끼가 태어날 수 있다는 내용이 주를 이룬다. 하지만 복제된 동물에서 나타나는 큰자손증후군large offspring syndrome, LOS에 대해서도 잠깐 언급한다. 복제 동물이 너무 크게 자라서 건강하지 못하게 되는 것이다.

복제한 용이나 시작 동물 혹은 중간 동물에도 LOS를 비롯한 복제의 위험이 나타날지 알 수 없지만 가능성은 있다. 크리스퍼 유전자 편집에도 문제가 따를 수 있다. 유전자를 조작한 동물에 발육 이상이 나타났다고 보고되었다.**

FDA가 언급한 내용 중에는 새로 용을 만들려는 우리의 계획에 차질을 빚는 것도 있다. FDA에 따르면 지금까지 새의 복제는 불가능했다. FDA의 논문이 발표된 이후로 새의 복제가 성공했는지는 지금으로서는 확실하지 않다.

새의 난자 문제도 장애물로 작용할 수 있다. 복제한 새의 배아에서 자연스럽게 노른자와 껍질이 자랄까? 그럴 수도 있다.

---

*   https://www.fda.gov/animalveterinary/safetyhealth/animalcloning/ucm0555 12.htm
**   https://futurism.com/the-byte/gene-editing-mutated-animals-crispr

하지만 그렇지 않으면 그 배아를 원래의 배아가 제거된 알로 옮겨야 한다. 원래의 배아가 제거된 채로 복제된 배아를 새의 알에 이식하는 것은 무척이나 힘든 일이다. 알이 손상되지 않고 자연스럽고 건강하게 자라도록 하는 것이 말이다.

오래전부터 내려오는 검란을 통해 알 속에서 자라는 병아리의 모습을 볼 수 있다. 다른 새도 가능하다. 알의 껍데기, 흰자(배아를 둘러싼 젤 같은 물질), 그리고 배아 자체가 반투명하므로 알에 강한 빛을 비추면 안이 보인다. 병아리에 영양을 공급하는 혈관이 전부 다 비치지만 눈을 비롯한 병아리의 모습도 보인다. 원래 검란에는 양초가 사용되었기 때문에 영어로 '캔들링candling'이라고 하지만 지금은 밝은 전자 조명이 사용된다. 그림 6.4 에서는 병아리의 눈, 영양을 공급하는 혈관이 보인다.

임신한 여성에게는 이 방법을 쓸 수 없지만 음파를 이용하는 초음파가 그와 비슷하며 훨씬 더 정확하다. 그림 6.5 는 가레스 몽거가 알 속에 들어 있는 용의 모습을 상상해 그린 것이다.

앞서 말한 것처럼 복제는 유전자가 똑같은 개체를 만들기 때문에 복제로 태어나는 모든 개체가 똑같은 유전병이나 감염병에 노출될 위험이 있다. 예를 들어 보통 복제로 만드는 씨 없는 바나나는 곰팡이에 취약하다.

대부분의 씨 없는 과일처럼 복제된 바나나는 3배체다. '3배체'란 염색체가 기본수의 3배라는 뜻이다. 보통 바나나와 인간은 각 모체로부터 염색체를 하나씩 받는 2배체다. 따라서 복제

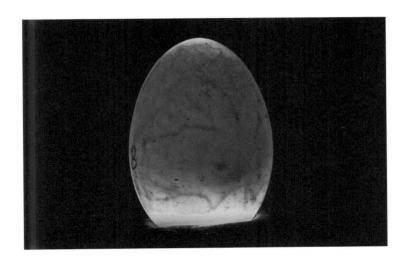

그림 6.4 검란으로 달걀 안에서 자라는 병아리를 들여다보는 모습.
병아리에 영양을 공급하는 혈관이 보인다. 가운데 부분의 점은 병아리의 눈이다.

그림 6.5 검란보다 더 효과적인 방법으로 용의 알을 들여다본다면 이런 모습일 것이다.
출처: 저작권은 가레스 몽거에게 있으며 허가 받아 사용.

된 바나나는 교배할 수 없으므로(그래서 씨앗이 없다) 복제로 교배해야 한다. 하지만 복제된 바나나 나무들은 유전자가 똑같아서 현재 똑같은 곰팡이균의 위협에 처했다.

복제 기술로 용을 많이 만들었다가 똑같은 병에 걸려서 다 죽어버린다면 너무도 슬픈 일이다. 또한 복제 용은 크기와 색이 모두 똑같아 재미도 없고 알아보기도 힘들 것이다.

키메라와 키메라 배아

지금까지 이야기한 것처럼 여러 용의 특징을 구현하려면 키메라 배아를 만들어야 할 수도 있다. 특히 복제 기술이 문제가 된다면 더욱 유용할 것이다. 예를 들어 크기는 코모도에 가깝지만 날도마뱀의 비막에서 나온 날개를 가진 용을 만든다고 해보자. 두 가지 목표를 달성하려면 날도마뱀과 코모도의 배아를(혹은 각각의 배아세포를) 합쳐야 한다.

이 둘은 연관이 있는 동물이므로 키메라 배아가 잘 자랄지도 모른다. 우리가 원하는 특징이 합쳐진 채로 말이다. 예를 들어 크기는 코모도의 절반에, 크고 강력한 비막을 가진 키메라가 탄생할 것이다. 아직 우리가 원하는 진짜 용의 모습은 아니지만 한 걸음 성큼 가까워진다.

안타깝게도 키메라 생산은 예측 불가능한 과정이라 원하는 결과가 나오지 않을 수도 있다. 또한 일반적으로 키메라 동물은 텃밭의 탐스러운 토마토 같은 잡종 식물과 마찬가지로 똑같은 성질을 갖춘 다음 세대가 나오지 않는다. 따라서 코모도와 날도마뱀을 합친 키메라는 전혀 예상하지 못한 특징을 갖춘 자손을 낳을 것이다. 자기와 비슷한 자손을 낳을 가능성은 적다. 물론 이 '1대 잡종'이 용과 비슷한 멋진 모습으로 태어날 수도 있다. 하지만 예측하기가 어려우므로 조금씩 더 용의 모습과 가까워지기가 힘들다.

이렇게 볼 때 훌륭한 잡종 식물을 만드는 데 사용되는 방법을 따르는 것이 낫다. 예를 들어 크리스퍼 유전자 편집으로 유전자를 변형시켜서 새로운 날도마뱀(날도마뱀 2.0)을 만들 수 있다. 같은 방법으로 코모도도 만들고(코모도 2.0), 날개로 사용할 수 있는 긴 손가락이 달린 앞다리를 넣어준다.

그다음에 날도마뱀 2.0과 코모도 2.0을 교배시킨다. 코모도가 날도마뱀을 잡아먹으려고 할 것이므로 자연적인 짝짓기보다는 정자와 난자를 체외수정해야 할 것이다. 그리고 어버이로부터 용과 비슷한 특징을 물려받은 건강한 키메라 자손이 태어나기를 간절히 기도하면 된다.

그렇게 태어난 잡종은 용과 매우 비슷할 수도 있고 엉망진창일 수도 있다. 하지만 생식 능력을 갖춘 개체가 한 마리만 태어나도 똑같은 어버이로부터 조금 더 용에 가까운 개체를 계속 만들어나가는 발판이 마련된다. 수많은 시행착오가 따르겠지만 언젠가는 유전자 변형된 날도마뱀과 맞춤화한 코모도를 체

그림 6.6 그리스 신화에 나오는 키메라는 사자, 염소, 뱀으로 이루어진 괴물로 불을 내뿜기도 했다.

외수정해서 용을 닮은 잡종 개체를 만들 수 있을 것이다. 날도마뱀과 코모도 대신에 새와 도마뱀 같은 다른 잡종 혹은 키메라 배아를 만들어도 된다. 물론 방법은 같다.

어떤 동물로 키메라를 만들던지 문제가 발생할 수 있다. 신화에 나오는 괴물 '키메라' 같은 개체가 탄생할지도 모른다(**그림 6.6**). 호메로스의 《일리아드》에서 키메라는 뿔을 뽐고(용을 만드는 사람으로서는 잘된 일이다) 사자와 염소의 모습에 꼬리는 뱀의 모습이다(이건 별로 좋은 일이 아니겠지만).

크리스퍼… 편집 기술?

지금까지 크리스퍼 유전자 편집이 용을 만드는 데 유용하게 쓰일 수 있다고 언급했다. 크리스퍼를 정확히 어떻게 사용해서 시작 동물에 용 같은 특징을 부여하거나 강화할지 알아보자.

크리스퍼 유전자 편집 기술은 무엇이며 어떤 원리인가?

크리스퍼 카스9은 박테리아와 바이러스의 전쟁에서 진화한 세균 무기다. 박테리아는 바이러스에 감염되면 자신을 지키고자 바이러스의 유전체를 파괴한다. 이를 위해 박테리아는 바이러스의 유전체를 파괴하는 무기 시스템을 진화시켰다.

하지만 박테리아는 필요하지 않을 때 무기를 발동해 자신의 유전체가 파괴되거나 에너지가 낭비되기를 원하지 않는다. 그래서 DNA 혹은 RNA를 파괴하는 특수 단백질, 효소인 뉴클리아제를 발전시켰다. 하지만 이 효소는 매우 특정적이라서 바이러스 DNA의 특정 구간만 인식할 수 있다.

크리스퍼 카스9은 박테리아의 항바이러스 시스템이라 바이러스의 DNA를 파괴한다.* 1장에서 말한 것처럼 크리스퍼는 '일정한 간격으로 반복되는 염기서열'이라는 매우 복잡한 표현의 줄임말이다. 반복되는 염기서열은 박테리아의 이전 세대가

---

*   https://ghr.nlm.nih.gov/primer/genomicresearch/genomeediting

자신을 공격한 바이러스로부터 취한 유전자 요소다. 이것은 과거의 침략자에 대한 기억 역할을 한다. 어떻게 보면 DNA를 자르는 뉴클리아제를 위한 GPS 역할이다. 따라서 크리스퍼 카스9(또는 비슷한 시스템)을 가진 박테리아는 침범한 바이러스의 유전자를 알아보고 뉴클리아제로 잘라버린다.

하지만 박테리아의 무기가 어떻게 유전공학에 유용한 도구가 되었을까? 똑똑한 과학자들이 크리스퍼 카스9을 그 어떤 유기체의 DNA도 알아보도록 바꿀 수 있다는 사실을 알아냈다. 바이러스 DNA뿐만 아니라 모든 DNA 서열을 가져다놓을 수 있다. 그러면 크리스퍼 카스9이 그 서열을 잘라 세포 안에서 유전자의 변화가 일어난다. 이론적으로 이 시스템은 모든 동물의 세포 안에서 작동할 수 있다. 도마뱀, 조류를 비롯해 우리가 용을 만드는 데 사용할 모든 동물에서 말이다.

현재 연구자들은 크리스퍼 카스9으로 DNA를 바꾸거나 기존의 오류(변이)를 바로잡아 정상적인 서열로 바꾸고 있다. 그뿐만 아니라 더욱 파격적인 변화도 가능하다. 예를 들어 다른 동물의 생식세포의 유전체에 완전히 새로운 유전자를 주입해(파충류의 배아에 새의 유전자를 넣는 것처럼) 유전자가 섞인 잡종 동물을 만들 수 있다. 유전자를 이용한 새로운 방법은 잠시 후에 다시 살펴보기로 하자. 그림 6.7 은 내가 크리스퍼 카스9을 스위스 아미 나이프 모습을 한 슈퍼히어로로 표현해 그린 그림이다.

크리스퍼로 용 만들기

용을 만드는 과정에서 크리스퍼 기술을 이용해 얻을 수 있는 최선의 결과는 무엇일까?

크리스퍼로 시작 동물의 생식세포나 만능줄기세포의 유전자를 바꿀 수 있다. 일이 순조롭게 진행된다면 우리가 원하는 유전자 변형이 이루어진 새로운 동물이 태어날 것이다. 하지만 의도하지 않은 DNA 변이까지 나타나서는 안 된다. 이를 표적 이탈 활동off-target activity이라고 하는데 이는 뒤에서 살펴보자. 그렇게 만들어진 동물은 용과 비슷한 특징만 지니고 원하지 않는 특징은 나타나지 않아야 한다. 이를테면 우리는 용의 날개가 2개이기를 바라지, 3개나 4개는 바라지 않는다. 그리고 용의 엉덩이가 아니라 입에서 불이 나와야 한다. 무슨 말인지 알 것이다.

그렇다면 유전자를 바꾸려면 어떻게 해야 할까? 앞에서도 설명했지만 유전자를 바꾸는 작업은 시작 동물의 초기 성장 단계에서 이루어져야 한다. 즉 생식세포와 만능줄기세포 또는 단일 배아에 변화를 주어야 한다는 뜻이다. 단 하나의 배아 세포는 성장 단계에서 유전자가 똑같거나 비슷한 세포로 2개, 4개, 그리고 곧 1조 개로 늘어난다. DNA 복제는 완벽하지 않은 과정이기에 세포 분열 단계에서 무작위로 변이가 일어날 수 있다. 이렇게 배아 상태에서 크리스퍼를 적용하면 나중에 태어날 용의 세포에 그 변화가 나타날 것이다.

크리스퍼 유전자 편집에는 앞서 말한 다양한 것이 포함될 수 있다. 예를 들어 날개의 모양을 바꾼다거나 날도마뱀의 비막을 조금 더 날개 모양에 가깝게 바꿀 수 있다. 새를 시작 동물로 삼아 불을 내뿜도록 유전자를 편집할 수도 있다. 물론 불을 뿜는 유전자가 밝혀지지 않았으므로 큰 문제가 될 듯하다. 여러 실험이 필요할 것이다.

크리스퍼의 또 다른 문제점은 유력한 시작 동물들의 전체 유전체genome(생명체의 핵에 있는 유전정보의 총합)서열이 아직 밝혀지지 않았다는 것이다. 특히 날도마뱀의 유전체 서열은 완전히 해독되지 않아서 우리가 최초로 해내야 할지도 모른다. 동물의 유전체 서열, 적어도 크리스퍼로 편집할 유전체의 서열을 알아야 한다. '똑같은' 유전체라도 동물마다 DNA 염기가 다르다. 다행히 우리의 코모도는 최근에 유전체의 염기서열이 완전히 해독되었다.*

조류 중에서 유전체의 염기서열이 분석된 경우가 많다는 것도 반가운 소식이다.** 게다가 최근에는 유전체의 DNA 염기서열을 밝히는 비용이 점점 줄어들고 있다. 용의 시작 동물의 염기서열을 우리가 직접 분석할 수도 있을 것이다.

시작 동물의 유전자를 바꾸는 것 말고도 유전공학 기술로 새로운 유전자를 주입해 구체적인 특징을 부여할 수 있다. 불을 내뿜는 것처럼 매우 복잡하거나 존재하지 않는 특징은 새나 파충류의 유전자를 편집하는 것으로 충분하지 않을지도 모른다. 이럴 때는 완전히 새로운 유전자(예를 들어 폭탄먼지벌레)를 주입

---

*   https://www.biorxiv.org/content/10.1101/551978v1
**   https://science.sciencemag.org/content/346/6215/1311.full

해야 할 것이다.

하지만 크리스퍼로 동물의 유전체를 편집하는 일에는 위험도 따른다. 특히 인간에게 크리스퍼를 적용할 때 발생할 수 있는 문제에 관해 더 알고 싶다면 《GMO 사피엔스의 시대》를 참고하기 바란다. 크리스퍼 유전자 편집을 비롯해 인간의 유전자를 변형하는 기술을 다루는 책이다. 그 책에서 나는 맞춤 아기와 우생학 등 인간 유전자 공학에 따르는 문제점을 자세히 설명한다.

우리가 용을 만들 때 크리스퍼를 사용한다면 인간의 유전자를 바꾸는 것(예를 들어 특정 바이러스에 감염되지 않도록)과 똑같은 기술이 다수 거론될 것이다.

우리가 죽지는 않을까?

유전자 공학으로 용을 만드는 과정에서 온갖 사고가 벌어질 수 있다. 그중에서 용이나 용과 닮은 동물이 아니라 전혀 예상하지 못한 괴상한 생명체가 나올 가능성이 가장 크다. 그뿐만 아니라 다 자란 용보다도 더 위험한 잡종 동물이 만들어질 수도 있다. 윤리적인 부분과 부정적인 결과에 대해서도 논의할 거리가 많다(8장에서 살펴보자).

용을 만드는 최·첨·단 기술

지금까지 살펴보면서 여러분도 느꼈겠지만 크리스퍼, 줄기세포, 생식 조종 같은 첨단 기술은 용을 만드는 데 도움이 될 것이다. 하지만 이러한 기술들은 매우 위험할 수 있으니 각별한 주의가 필요하다. 꼭!

7장

용은 봤으나 다른 것도 만들어볼까

After a dragon: building unicorns
and other mythical creatures

새로운 도전 과제: 유니콘과 신화 속 동물

용을 만들 수 있다면 다른 신화 속 동물도 만들 수 있을 것이다. 줄기세포나 크리스퍼 유전자 편집처럼 지금까지 살펴본 기술들이 쓸모 있을지도 모른다.

'재현된' 신화 속 동물은 특별한 논란을 일으키지 않을 수도 있고 오히려 유니콘처럼 문화 속에서 돌풍을 일으킬 수도 있으며 윤리 문제에 관한 열띤 토론으로 이어질 수도 있다. 예를 들어 신화에 나오는 동물은 인간을 토대로 하거나 인간과 닮은 경우가 많아서 실제로 만든다면 격렬한 논란이 될 것이다. 새로운 생물체의 존재 자체가 우리 사회와 생물, 창조자들에게도 심각한 문제가 될 수 있다.

우리는 인간과 닮은 신화 속 존재를 만드는 것은 윤리에 어긋난다고 생각한다. 그런 존재는 엘프, 켄타우로스, 이집트 스핑크스, 그리고 빅풋(예티) 등 무수히 많다. 이 장에서는 인간과 닮은 신화 속 존재 중에서 인어만 살펴보자.

부분적으로 인간이건 아니건 신화 속 존재를 직접 만드는 방법을 살펴볼 것이다. 그 과정은 시작 동물을 선택하는 것에서 출발한다(용을 만들 때 기존의 동물에서 출발한 것처럼). 시작 동물은 신화 속 동물이 어떤 특징을 갖추었는지에 따라 선택해야 한다.

신화에는 '용'이라는 이름으로 불리지 않지만 용과 생김새와 특징이 비슷한 동물이 종종 나온다. 예를 들어 앞에서 이미 살펴본 히드라와 키메라는 용으로 여겨지기도 했으며 저마다 용과 비슷한 특징을 지녔다.

쳐다보거나 입김을 부는 것만으로 동식물을 죽일 수 있는 괴물 바실리스크도 있다. 코카트리스는 바실리스크보다도 더 용과 닮았다. 용과 닮은 이 괴물들은 지금까지 살펴본 용 만드는 방법과 비슷하게 만들 수 있을 것이다. 그러니 이 괴물들에 대해서는 더 자세히 살펴보지 않기로 한다.

크리스퍼 같은 첨단 기술로 완전히 새로운 생명체를 만드는 상상을 하는 사람이 우리 말고 또 있다. 행크 그릴리 교수와 알타 차로 교수는 2015년에 그 가능성을 다룬 논문[1]을 썼는데, 특히 이 장과 연관 있는 내용을 소개한다.

> 하인라인*이 예측한 것처럼, 지난 1만 년 동안 인간이 늑대와 그 후손에게 한 일과 래브라두들(래브라도+푸들) 종에서 보듯 지금도 계속하고 있는 일을 생각해본다면 난쟁이 코끼리와 거대한 기니피그, 유전자를 온순하게 길들인 호랑이도 만들 수 있지 않을까? 억만장자가 12살 딸의 생일선물로 살아 있는 유니콘을 주는 것도 가능하지 않을까?

---

* 로버트 하인라인Robert Heinlein은 《스타쉽 트루퍼스》를 쓴 미국의 SF 작가로, 휴대전화를 비롯한 미래의 기술 혁신을 다수 예측했다.

자, 그럼 어떤 동물로 시작해야 할까? 당연히 가장 인기 있는 신화 속 동물인 유니콘이다. 우선 유니콘을 먼저 살펴보는 이유는 다른 신화 속 동물보다 난이도가 쉬워 보이기 때문이다.

유니콘

유니콘의 역사

혹시 유니콘을 모르는 사람을 위해 말하자면 유니콘은 신화에 나오는 말처럼 생긴 동물이다. 무엇보다 유니콘은 머리에 곧고 (하지만 나선형이다) 아름다운 뿔이 하나 있는 것으로 유명하다. '유니콘unicorn'이라는 단어 자체가 '하나의 뿔'이라는 뜻이다.

신화에서 유니콘은 아름답고 희귀한 존재일 뿐만 아니라 마법의 힘도 가졌다고 여겨진다. 그리고 필요할 때는 용맹하게 싸운다. 이상하지만 고대에는 오직 처녀만 유니콘을 길들일 수 있다고 믿었다(그림 7.1).

신화나 종교에 가장 처음으로 등장하는 유니콘은 오로크스라는 고대 동물에서 나왔을 수도 있다. 청동기 시대에 지금의 파키스탄에서 발달한 하라파 문명에서 오로크스는 뿔 달린 소로 묘사되었다. 유니콘은 영양에 속하는 오릭스에서 나왔을 수도 있다.** 어떤 이유에서인지 오로크스는 성경 등에서 가끔 유니콘이라고 불렸다.

그림 7.1 이탈리아 화가 도메니키노의 그림.

　원래는 뿔이 2개인 동물인데 하나밖에 없는 개체를 본 사람
이 유니콘의 존재를 만들었을 수도 있다. 배아가 정상적으로
성장하지 못해서 뿔이 하나만 생긴 것이다. 날 때는 2개였지만
싸우다 하나를 잃은 모습을 보고 상상력 풍부한 사람이 유니콘
을 떠올렸을지도 모른다. 고대에 뿔이 2개 달린 동물의 옆모습
을 멀리에서 보고 뿔이 하나뿐인 유니콘이라고 생각했을 가능
성도 있다.

　그리스인들은 유니콘이 지금의 인도에서 살았다고 믿었다.

** 　https://www.wired.com/2015/02/fantastically-wrong-unicorn/

그리스의 의사이자 역사학자로 페르시아(지금의 이란)에서도 활동한 크테시아스는 오릭스 혹은 유니콘과 비슷한 "야생 당나귀"를 보았다고 적었다.*** 유럽에서 유니콘은 성모마리아와도 연결된다. 유니콘은 중세의 미술 작품에도 종종 등장하는데, 이상하게도 성모마리아가 아닌 처녀들과 함께 있을 때도 있다. 아마도 유니콘이 '순수한' 존재로 인식되었기 때문인 듯하다.

유니콘의 뿔은 수많은 병을 고칠 수 있는 마법의 물질 알리콘으로 만들어졌다고 한다. 과거 부도덕한 상인들이 죽은 육지 동물의 뿔이나 일각고래의 엄니(기다란 뿔이 유니콘의 뿔과 비슷하게 생겼다)를 바닷물로 깨끗하게 씻어서 알리콘이라고 속여 팔기도 했다. 이는 환상의 동물이라는 유니콘의 이미지 때문에 비싼 값에 팔렸다.

1638년, 덴마크의 의사이자 동식물 연구학자인 올레 웜이 마침내 잘못된 관행을 바로잡았다. 여담이지만, 유충을 뜻하는 웜Worm이 동식물 연구학자의 이름으로 제격이지 않은가? 아무튼 그는 뿔이 아직 붙어있는 죽은 일각고래를 발견했다. '유니콘의 뿔'이 사실은 일각고래의 뿔이라는 사실을 밝혀낸 것이다. 물론 오래전부터 짐작했겠지만 그는 유니콘이 실제로 존재하지 않는다고 결론지었다.

웜은 세계적으로 손꼽히는 오랜 역사를 지닌 자연사 박물관

*** http://content.time.com/time/health/article/0,8599,1814227,00.html

그림 7.2 일본 오사카 카이유칸 아쿠아리움에 있는 일각고래의 모형.

중 한 곳을 설립하기도 했다. 한때 그 박물관은 '워마니움 박물관Museum Wormanium'이라고 불렸다. 우리도 '크뇌플러리움' 같은 이름의 현대 박물관을 만들어야 할까? 이 책에 나온 방법대로 용을 만드는 데 성공한다면 살아있는 용도 전시할 수 있을 것이다. 웜은 유니콘의 존재를 믿지 않았지만 유니콘 하면 떠오르는 신비로운 분위기를 아예 부정하지는 않았다. 어느 기사에는 다음과 같은 내용이 나온다.

웜은 유니콘의 뿔에 해독제 성분이 들어있다는 생각에 사로잡혀 원시적인 실험을 했다. 애완동물에게 독을 주입하고 일각고래의 엄니를 가루 내 먹였다. 그는 동물들이 회복했다고 보고

했는데 독이 그리 강하지 않았던 듯하다.*

유니콘은 스코틀랜드를 대표하는 동물이기도 하다. 스코틀랜드가 유니콘을 국가 상징으로 삼은 것은 유니콘과 사자가 천적이라는 믿음 때문이라는 주장도 있다. 사자는 잉글랜드의 상징이다. 따라서 유니콘은 잉글랜드와 스코틀랜드의 오랜 갈등을 보여준다고 할 수 있다.

《와이어드 매거진》은 유니콘의 독특한 역사에 관한 재미있는 글을 실었다.** 그 글은 더 오래전으로 거슬러 올라가 로마의 역사가 플리니우스를 인용했다. 플리니우스는 유니콘을 오늘날 우리가 생각하는 아름답고 친절하고 선한 모습이 아니라 사나운 키메라에 가까운 모습으로 묘사했다. 플리니우스는 이렇게 적었다.

유니콘은 가장 사나운 동물이고 생포가 불가능하다고 한다. 몸은 말, 머리는 수사슴, 발은 코끼리, 꼬리는 멧돼지이고 이마 한가운데에는 약 1미터 길이의 검은 뿔이 하나 있다. 가슴 깊은 속에서 울려 퍼지는 우렁찬 소리를 낸다.

* https://cphpost.dk/?p=64625
** https://www.wired.com/2015/02/fantastically-wrong-unicorn/

폴리니우스의 유니콘은 으슥한 골목길이나 숲속에서 절대로 마주치고 싶지 않은 모습이다. 그렇지 않은가?

유니콘을 어떻게 만들까?

좋은 질문이다. 유니콘은 비교적 쉽게 만들 수 있을 것이다. 적어도 하늘을 날고 불을 내뿜고 생김새는 파충류와 닮은 용보다는 말이다. 특히 마법 능력까지 부여할 필요가 없다면 더욱더 쉽게 만들 수 있다. 마법은 애초에 불가능하니까!

유니콘을 만들려면 우선 특정한 품종의 말로 시작하는 방법이 있다. 유전자 변형을 통해 이마 한가운데에 기다란 뿔을 하나 만들어주면 된다.

5장에서 나온 "뿔이란 무엇인가?"라는 질문에 이제 답해야 할 시간이다. 그 답은 어떤 동물인지에 달려있다. 예를 들어 영양이나 사슴 같은 포유류의 일반적인 '뿔'은 머리에서 튀어나온 기다란 뿔이고 특수한 피부 같은 층으로 덮여 있다.

동물에게 뿔을 만들어주는 것을 이렇게 생각해보자. 근육과 힘줄, 관절이 없는 손가락 하나를 동물의 이마에 붙인다. 이마에 붙은 뿔이 피부조직과 두개골의 뼈와 합쳐진다. 예쁘지는 않겠지만 진짜 뿔과 비슷하긴 하다.

이제는 여러분의 이마에 뼈를 '꽂아' 두개골과 합친다고 생각해보자. 여러분은 이미 다 자란 어른이므로 적응할 시간이 필요할 것이다. 새로 생긴 뿔이 시야를 방해할 수도 있다. 처음에는 크게 신경 쓰이고 심하게는 미칠 것 같을 수도 있다. 뿔이 손가락보다 훨씬 더 크다면 머리와 몸이 새로운 '부위'와 달라진 머리 무게 등에 적응해야만 한다. 반면 날 때부터 뿔이 있거나(코뿔소처럼) 자라면서 생기는 동물은 자연스럽게 뿔에 익숙해진다.

물론 포유류의 뿔이 꼭 뼈로 이루어지는 것은 아니다. 뿔 안의 뼈를 덮은 피부층은 주로 케라틴이라는 단백질로 이루어진다. 5장에서 케라틴과 케라티노사이트에 대해 살펴보았다. 포유류와 대다수 동물의 뿔이 이러한 구조로 이루어지지만 뿔에 뼈가 없는 동물도 있다. 뿔 있는 동물 하면 코뿔소를 가장 먼저 떠올릴 것이다. 하지만 코뿔소의 '뿔'은 일반적인 뿔이 아니다. 이들의 뿔 안에는 뼈가 없고 치밀한 피부조직으로 이루어져있다. **그림 7.3** 에서 보듯 검은코뿔소의 두개골에는 코에 뼈가 많지만 뿔이 있었던 곳에는 뼈가 보이지 않는다.

공룡 중에 트리케라톱스는 살짝 변형된 코뿔소처럼 생겼다. 하지만 코뿔소와 달리 트리케라톱스의 뿔에는 뼈가 들어있다. 오늘날에도 볼 수 있는 뿔 달린 파충류의 뿔도 뼈로 이루어진다. 용을 만들 때 참고가 될 것이다.

따라서 유니콘에게 뿔을 만들어주려면 안에 뼈가 있는 진짜 뿔이나 코뿔소의 뿔이 만들어지도록 유전자를 편집해야 한다. 두 가지 뿔 모두 유니콘처럼 보일 수 있게 하고, 필요시 무기가 되어줄 수도 있다. 하지만 유니콘의 뿔은 길고 비교적 가늘어

그림 7.3 검은코뿔소의 두개골. 2개의 뿔이 있어야 할 곳에 뼈가 없다.
코뿔소의 뿔은 뼈가 아니라 변형된 피부로 이루어지기 때문이다.

서 뼈로 된 뿔이 더 나을 것이다.

멸종한 시베리아 코뿔소Elasmotherium sibiricum는 긴 뿔이 달려있어 시베리아 유니콘이라고도 불린다. 최신 연구 결과에 따르면 이 '유니콘'은 고대에 인간과 함께 살았으며 유니콘 전설이 만들어진 계기가 되었을 수 있다.*

말의 유전자를 바꿔 유니콘으로 만든다면 어떤 정보를 활용할 수 있을까? 어떤 유전자를 바꿔야 할까? 몇몇 유전자가 소를 비롯한 동물의 뿔에 관여한다고 밝혀졌다. 뼈의 성장을 저

---

* https://thescipub.com/pdf/ajassp.2016.189.199.pdf

해하는 유전자도 있다. '뿔 억제 유전자'는 세포가 붙게 해주는 단백질을 만들고 다른 유전자들은 케라티노사이트의 움직임을 조절한다.** 소의 경우, '뼈에 도움 되는' 유전자가 세포 성장을 촉진하는 단백질을 만든다. 일리가 있다. 그냥 피부가 아니라 뿔이 만들어지는 부분에는 더 많은 세포가 필요할 테니까.***

어떤 과학자들은 오래전부터 이 정보를 이용해 뿔이 없는 젖소를 만들려고 했다.‡‡ 대개는 소의 뿔을 제거해야 하므로 농부들에게도 무척 유용할 터였다. 오늘날 일부 국가에서는 근로자나 다른 동물을 보호하기 위해 전체의 약 70퍼센트나 되는 젖소의 뿔을 뽑는다. 이는 고통스럽고 비용도 많이 드는 과정이다. 하지만 2016년에 뿔의 발달에 관한 혁신적인 연구와 유전자 편집 기술을 결합해 뿔 없는 젖소를 만들려는 시도가 이루어졌다. 앞으로 뿔을 힘들게 제거할 필요 없이 뿔 없는 소가 더 많이 태어날 수 있을 것이다.

물론 우리는 뿔을 뽑고 싶지 않다. 뿔 달린 말을 만들어 나아가 유니콘을 만들고 싶다. 하지만 실현하기 어려운 유니콘의 특징이 또 있다는 사실에 주목해야 한다. 유니콘의 뿔은 곧은 직선인데 거의 모든 동물의 '뿔'은 곡선이라는 사실이다.

** https://www.ncbi.nlm.nih.gov/pmc/articles/PMC3017764/
*** https://journals.plos.org/plosone/article?id=10.1371/journal.pone.0202978
‡‡ https://www.nature.com/articles/nbt.3560
http://www.sciencemag.org/news/2016/05/gene-edited-cattle-produce-no-horns

이론적으로 일각고래의 뿔을 모방할 수 있다(일각고래의 학명 Monodon monoceros은 '뿔이 하나 달린 유니콘'이라는 뜻이다. 참고로 코뿔소의 학명rhinoceros은 '코의 뿔'을 뜻한다). 일각고래는 멋진 뿔이 하나 달렸는데 사실은 뿔이 아니라 엄니다.

말에게 일각고래와 비슷한 엄니를 만들어줄 수 있다(그림 7.2). 하지만 일각고래의 엄니는 머리를 관통해 밖으로 돌출되어 있는데 말을 생각하면 불행한 일이 아닐 수 없다. 어떻게 거대한 엄니가 안전하게 말의 머리를 뚫고 밖으로 튀어나오게 할 수 있을까? 말에게 거대한 이빨이 아니라 진짜 뿔을 만들어주는 것이 더 나을지도 모른다.

일각고래narwhal의 가장 가까운 친척은 흰고래다. 앞서 말한 것처럼 일각고래를 뜻하는 라틴어의 의미는 단순하지만 'narwhal'의 어원은 복잡하고 암울하기까지 하다. 이 단어는 '시체 고래'를 뜻하는 아이슬란드어에서 유래했을 가능성이 크다. 하얗고 시체 같은 색깔의 일각고래를 처음 보았을 때 선원들이 느낀 공포를 나타내준다.* 그들은 일각고래의 '뿔'을 보고도 놀랐을 것이다.

일각고래의 엄니에 대한 정보가 많지 않은데, 이 보기 드문 이빨은 직선으로 나왔지만 사실은 특정한 나선 모양을 이룬다.** 일각고래가 엄니를 자기방어, 사냥, 그리고 짝짓기에만

---

* https://www.britannica.com/animal/narwhal

사용한다는 일반적인 생각과 달리 엄니는 고유한 감각기관이 기도 하다. 우리 용에게도 만들어주면 좋을지 모른다. 하지만 그 엄니가 정확히 무엇을 감지하는지는 밝혀지지 않았다.

페가수스의 날개

페가수스의 역사

페가수스도 유니콘처럼 말과 비슷한 신화 속 동물이다. 그리스 신화에서 페가수스는 반신반인 영웅인 페르세우스와 벨레로폰 테스가 타고 다니는 날개 달린 말이다. 페가수스는 영웅 페르 세우스가 메두사의 목을 벨 때 메두사가 흘린 피에서, 혹은 바 다에서 태어났다고 전해진다(넘실대는 파도에서 말이 만들어졌단 다). 페르세우스는 페가수스를 이용해 안드로메다를 바다 괴물 로부터 구했다. 영웅 벨레로폰테스는 아테네 신전에서 기도한 후 황금 고삐를 얻어 페가수스를 붙잡았다. 벨레로폰은 페가수 스를 타고 용처럼 생긴 키메라(앞서 나온 키메라를 기억하는가?)를 비롯한 여러 신화 속 동물과 아마존족, 해적 등을 무찔렀다. 하 늘을 나는 말은 정말로 막강한 지원군이 되어줄 것이다.

** https://www.ncbi.nlm.nih.gov/pubmed/30263923

하늘을 나는 말을 어떻게 만들까?

페가수스처럼 날개 달린 말을 만들고 싶으면 어떻게 할까? 우선 2장에서 살펴본 용의 날개를 만들어주는 것과 같은 방법으로 말에게 날개를 달아주어야 한다.

코모도가 날도마뱀보다 크지만, 말은 코모도보다 훨씬 크다. 다 자란 말은 코모도보다 약 5배는 무거울 것이다. 기억하고 있겠지만 무거울수록 공중에 뜨기가 어려워진다. 말처럼 무거운 동물이 뜨려면 약 12미터 정도 되는 날개가 필요할 것이다. 안정적으로 하늘을 날 수 있는 실제 동물에게는 너무 클지도 모른다.

따라서 우선은 아주 작은 말로 시작해야 한다. 작은 조랑말이 더 나을 수도 있다. 하지만 대부분 페가수스의 그림을 보면 날개가 실제로 하늘을 날기에는 너무 짧다. **그림 7.4** 의 조각상에서 페가수스 날개는 매우 멋지지만 마법을 부리지 않는 한 몸을 띄우기에는 역부족이다. 알다시피 이 책에서는 마법을 배제한다.

말의 다리가 4개라는 것도 어려움으로 작용한다. 5장에서 설명했듯이 척추동물은 기본적으로 부속물이 4개여야 한다. 다리가 4개면 날개 2개까지 합쳐져서 부속물이 6개가 된다. 물론 용은 날개 2개에 다리가 4개인 모습으로 묘사되기도 하지만 날개와 다리가 2개씩이어야 훨씬 만들기가 쉽다.

그림 7.4 페가수스를 잡은 여신 파마의 모습을 표현한 파리에 있는 조각상. 외젠 르켄의 작품이다.

연구자들은 날개가 한 쌍 더 달린 파리를 만들었다(총 4개). 따라서 유전자 편집으로 말의 등에 날개가 돋게 하는 것이 가능할지 모른다.* 날개가 4개 달린 파리에는 흉부(파리의 날개가 자라나는 곳)를 복제하는 방법이 사용되었는데, 말의 경우에는 너무 투박한 모습일 것이다.

---

* https://www.mun.ca/biology/scarr/Bithorax_Drosophila.html

어려움은 있지만 날개 달린 말을 만드는 것은 가능할 것이다. 크기와 무게가 장애물로 작용하지만 불을 뿜을 수 있게 해주지 않아도 되니 다행이다.

히포그리프와 그리핀

신화 속 동물은 같은 동물의 다른 버전인가 싶을 정도로 비슷한 경우가 많다. 용과 비슷한 동물이 많은 것처럼 말이다. 히포그리프와 그리핀도 그렇다.

'히포그리프' 하면 〈해리 포터〉 시리즈를 떠올리는 사람이 많겠지만 롤링이 히포그리프를 만든 것은 아니다. 히포그리프는 로마 시대 혹은 그 이전부터 존재했다. 절반은 말이고 절반은 독수리로 이루어진 잡종(키메라)이다. 히포그리프는 날기도 하고 무척 빠르게 달릴 수 있었다! 함부로 덤볐다가는 큰일 날 것이다.

히포그리프의 아버지는 그리핀으로 알려졌다(그래서 이름에 '그리프'가 들어간다). 그리핀도 사자(뒤쪽)와 독수리(앞쪽)의 잡종이다. 그리핀은 히포그리프보다 먼저 존재했고 그리스와 로마 신화에 모두 등장하며 이집트를 비롯한 고대 문명의 예술 작품에서도 볼 수 있다. **그림 7.5**는 중세 태피스트리에 담긴 그리핀의 모습이다. 그리핀에 관한 흥미로운 이야기가 많다. 예를 들어 그리핀의 둥지에는 금덩어리가 들어있었다고 한다. 그리핀

그림 7.5 1450년경에 만들어진 중세 시대 태피스트리에 담긴 그리핀의 모습.

은 예술가와 지역에 따라 사자나 독수리에 더 가까운 모습으로
표현되었다.

　그리핀은 상징으로도 자주 사용된다. 신화 속의 잡종 동물은
사악한 괴물로 생각되는 경우가 많지만 그리핀의 이미지는 긍
정적이다. 종교를 비롯한 여러 상징으로 사용되기도 했다. 내
가 졸업한 리드칼리지의 상징도 그리핀이다.

히포그리프나 그리핀을 어떻게 만들까?

신화 속의 히포그리프는 수컷 그리핀과 암말 사이에서 태어났
다. 따라서 그리핀을 먼저 만들어야 한다. 그리핀이 만들어지

면 말과 교배시켜서 히포그리프를 만들면 된다(신화를 그대로 따르자면).

그리핀은 사자와 독수리가 합쳐진 동물이다. 앞에서 살펴본 대로 키메라가 떠오를 것이다. 그 키메라를 어떻게 만들까? 먼저 사자와 독수리의 배아를 합치는 방법이 있다. 하지만 독수리는 생물학적으로 사자를 비롯한 커다란 고양잇과 동물과 거리가 멀다. 따라서 그 둘을 합친 키메라는 배아 성장 단계도 넘기지 못할 것이다. 적어도 이론적으로는 가능하지만 말이다.

또 고려해야 할 것은 그리핀이 알을 낳는다는 점이다. 따라서 독수리의 배아에서 절반을 제거해 사자 배아의 절반과 합쳐야 한다. 배아나 알을 비롯한 생식 구조가 손상되지 않도록 말이다. 또는 독수리와 사자의 배아세포를 합쳐서(만들어진 지 며칠밖에 안 된 배아의 세포처럼 초기 단계일수록 좋다) 좋은 결과가 나오기를 바라는 방법도 있다. 성공하기 어려울 것 같긴 하지만.

독수리가 조류 중에서는 크지만 사자에 비하면 훨씬 작다는 점도 문제다. 사자인 뒷부분보다 독수리인 앞부분이 훨씬 작은 그리핀을 상상해보라. 제대로 된 그리핀이 만들어질 리 없다. 따라서 사자를 줄이거나 독수리를 늘려야 한다. 독수리의 크기를 늘리는 편이 더 낫겠다.

인어의 꼬리

인어의 역사

인어는 전 세계의 신화에서 놀라울 정도로 많이 등장한다. 인간이 절반은 인간이고 절반은 물고기인 존재에 커다란 흥미를 느꼈음을 알 수 있다. 메소포타미아 문명의 아시리아에서 달의 신 아타르가티스는 인어가 된다. 알렉산더 대왕의 여동생 테살로니케가 사후 인어가 되어 뱃사람들에게 자신의 오빠가 죽었는지 묻고 원치 않는 대답이 돌아오면 벌주었다는 이야기도 있다. 그리고 《천일야화》에 따르면 인어(특히 드줄라나)는 압둘라와 불르키야 같은 영웅이 물속에서 숨 쉬도록 도와주었다.

서유럽에서는 뱃사람들이 인어를 보면 날씨가 험악해지는 불길한 징조로 받아들였다. 스코틀랜드와 아일랜드의 전설에는 인어와 비슷한 요정 셀키가 있다. 셀키는 물개와 인간의 모습을 오갈 수 있다. 물개의 피부를 벗고 인간과 결혼도 한다. 숨겨놓은 가죽옷을 남편에게 들키면 계속 육지에 남아야 한다.

그리스 문화에서는 사이렌(반은 사람이고 반은 새인 키메라)이 노랫소리로 뱃사람을 홀려 배가 바위에 부딪혀 죽음에 이르게 한다. 나중에 사이렌은 다른 문화권의 인어와 합쳐져서 새보다는 물고기에 가까운 모습으로 그려지기도 했다. 오늘날 사이렌은 일종의 인어로 여겨지고 또 그렇게 표현된다.

기원전 4세기에 쓰인 중국의 신화집 《산해경》에는 뱃사람들이 진주 눈물을 흘리는 인어를 목격하는 장면이 거듭 나온다.

일본 민간설화에는 '인어'와 비슷한 '닌교'가 나온다. 인어같은 모습으로 표현한 그림도 있다. 닌교에는 신비한 힘이 있어서 인간이 먹으면 수백 년을 살 수 있었다고 한다.*

필리핀의 신화에 나오는 시요코이siyokoy도 인어와 비슷한데 자바섬 사람들은 인어 모습을 한 여신 니로로키둘을 믿었다. 고대인도(지금의 캄보디아와 태국)의 대서사시 《라마야나》에서는 수반나막차라는 인어공주가 원숭이신 하누만과 사랑에 빠진다.

이처럼 인어는 세계 곳곳의 신화에 등장한다. 러시아의 인어루살카는 물에 빠져 죽었지만 편히 잠들지 못한 여성으로 묘사되었다. 그리고 카리브해에는 여신 하구와jagua와 예모야yemoja를 바탕으로 탄생한 인어들이 나온다.

하지만 가장 잘 알려진 인어는(특히 긍정적인 의미로) 안데르센의 동화와 디즈니 애니메이션에 나오는 인어일 것이다. 동화는 영화보다 훨씬 어둡다. 덴마크의 원작 동화에서 인어공주는 다른 사람과 결혼하는 왕자를 죽여야만 한다. 왕자의 피가 있어야 다리가 지느러미로 변할 수 있기 때문이다. 하지만 도저히 왕자를 죽일 수 없었던 인어공주는 배에서 바다로 뛰어든다. 아이들이 보는 영화로는 너무 암울하지만 얼마 전까지만 해도 인어가

---

*   https://japanesemythology.wordpress.com/?s=ningyo

여러 문화권에서 불길한 존재로 여겨졌음을 알 수 있다.

20세기에 등장한 슈퍼히어로로 아쿠아맨도 있다. 다르지만 인어와 비슷한 능력을 갖췄다. 다소 특이한 슈퍼히어로지만 2018년에 개봉한 〈아쿠아맨〉은 큰 인기를 끌었다.

인어를 어떻게 만들까? 진짜 만들 일은 없겠지만….

인어를 만드는 데에는 기술은 물론 윤리적인 측면에서 딜레마가 발생한다. 기술의 측면에서 인어를 만들려면 인간과 물고기의 키메라가 필요하다. 이미 살펴본 것처럼 진화적으로 서로 연관 있는 생물체들의 배아를 합치면 키메라를 만들 수 있다. 인간과 물고기는 족보에서 멀찌감치 떨어져 있어서 둘을 합친 배아는 생존하기 어렵다.

키메라를 만드는 대신 인간 태아의 유전자를 물고기에 가깝게 편집하는 방법도 있다. 하지만 비윤리적인 일이다. 머릿속으로만 생각해본다면, 비늘(이 달린 피부)과 물속에서 숨 쉴 수 있는 아가미, 지느러미(어떻게 보면 비막과 비슷하다)를 만들어주면 될 것이다. 그리고 다리를 보통 인어처럼 꼬리 모양의 지느러미발로 만들어줘야겠다. 실제로 인어는 물고기보다 사람에 더 가깝기도 하다. 코펜하겐의 인어공주 조각상에는 물고기의 꼬리가 없다. 대신 두 다리의 끝부분에 각각 지느러미가 달렸다(그림 7.6). 절반이 물고기인 경우보다 그편이 만들기 더 쉬울 것이다.

그림 7.6 코펜하겐 항구의 바위에 앉은 에드바르드 에릭센의 인어공주 조각상.

인어를 만드는 것이 비윤리적인 이유

인어 만들기에는 기술의 문제를 넘어 심각한 윤리 문제가 따른
다. 프로젝트를 시도할 생각조차 하면 안 될 정도로 심각한 사
안이다. 실험실에만 제한되더라도 인간 키메라 연구는(인간 키
메라를 실제로 만드는 것은 물론) 엄청난 논란이 된다.

이 예민한 문제는 다음 장에서 자세히 다룰 것이다. 의도하지
않은 반인간(인어가 아닌 다른 반인생물이 만들어질 수도 있다)이 나오
거나 반인간 혼합 생명체를 만들 때 논쟁은 피할 수 없다.

반인반어半人半魚를 만드는 것은 대단히 윤리에 어긋나는 일
이다. 우선 인어가 그런 연구에 동의할 수가 없다. 그리고 건강

에 여러 문제가 나타날 수 있다. 건강하게 태어나도 부정적인 시선을 보내는 사람들이 있을 것이다. 건강하고 행복한 유명인사가 될 수도 있지만 말이다.

신화에 나오는 다른 반인반수를 만드는 것도 윤리에 어긋난다. 그리스 신화에 나오는 켄타우로스는 반인반마이자 뛰어난 궁수다. 케이론은 가장 잘 알려진 켄타우로스이자 그리스 영웅들의 가장 '훌륭한 스승'이다(그리스의 영웅 아킬레우스도 그의 제자다). 그리스의 별자리에 궁수자리도 있다. 하지만 실제로 케이론을 만드는 것이 가능할까?

인간-말은 인간-물고기보다는 호환성이 좋겠지만 역시나 윤리적으로 절대 해서는 안 된다.

신화를 현실로

신화에 나오는 동물들을 차례로 살펴본 결과, 용 다음에 다른 상상의 동물을 만든다면 우리는 가장 먼저 유니콘을 만들 것이다. 유니콘에서 멈출 수도 있다. 이 장에서 살펴본 다른 동물들은 수많은 기술적·윤리적 문제가 따른다. 하지만 기술로 신화를 현실로 만든다는 것은 상상만으로 즐거운 일이다.

유니콘은 용처럼 흥미로우면서도 우리는 물론이고 세상에도 훨씬 안전하다. 앞으로 10년 후에 정말로 유니콘 만들기에 도전하는 사람이 나와도 놀랍지 않을 것이다.

8장

최·첨·단 드래곤 레시피의 윤리적 문제들

The ethics and future of
engineering dragons and other new beasts

용과 윤리 문제

특정한 윤리의 기준과 지침 안에서 연구를 진행하는 것은 과학자의 의무이기도 하다. 이 장에서는 일반적인 과학은 물론 나아가 용 만들기 프로젝트와 관련해 최첨단 연구에 따르는 윤리적인 제약에 대해 살펴보자.

정말로 용을 만드는 데 성공했다고 해보자! 지금까지 설명한 계획과 연구를 거쳐 정말로 용을 만들었다.

그런데 꼭 용을 만들어야만 했을까?

용을 만드는 과정에서 어떤 어려움이 발생했을까? 과연 우리가 살아있을까? 다친 사람은 없었을까? 용을 만드느라 연구에 사용한 동물들은? 애초에 이것이 용에게 좋은 일이었을까?

지금까지는 용을 '어떻게' 만들지에 대해 이야기했다. 하지만 이 장에서는 용을 '왜' 만들어야 하는지, 그 실험이 어떤 윤리적 문제를 일으키는지를 살펴볼 것이다. 〈쥬라기 공원〉에서 이안 말콤도 이렇게 말했다. "과학자들은 공룡을 만들 수 있는지만 생각하다가, 만들면 안 된다는 사실은 생각하지 않았어!" 이 말에 답이 있다. "공룡을 만들면 안 되는 거였어!" 하지만 이미 공룡은 만들어졌고 너무 늦어버렸다.

〈쥬라기 공원〉의 과학자들이 "공룡을 만드는 건 너무 위험하고 비윤리적인 일이야. 도대체 우리가 무슨 생각을 했던 거지? 당장 실험을 멈춰야 해!"라고 했다면 공룡이 만들어지지 않았을 것이다(물론 영화 속 공룡은 가짜지만). 영화가 큰 인기를 끌지도 못했을 것이다.

이 책을 쓰는 과정에서도 비슷한 일이 발생했다. 우리가 처음에 "용을 만드는 건 너무 위험하고 윤리적으로도 복잡한 일이야"라고 생각했다면 이 책의 흥미가 떨어졌을 것이다. 아니, 아예 책이 나오지도 않았을 것이다.

하지만 '들어가는 말'과 이 책의 부제에 있는 '과학 풍자'에도 관심을 기울여주기 바란다. 이 책의 내용을 있는 그대로만 받아들여서는 안 된다. 사실은 첨단과학을 둘러싼 과장과 아우성을 풍자하고 있으니까.

하지만 정말로 용을 한 마리건 여러 마리건 만들기 전에 어렵지만 꼭 필요한 윤리 문제를 짚어보자. 용을 만들어도 되는 것일까? 윤리에 어긋나는 일은 아닐까? 어떤 윤리 문제가 따라올까? 용을 만드는 과정도 위험하기 짝이 없지 않은가? 용을 만드는 데 성공하고 나서는 어떤 위험과 윤리 문제가 나타날 수 있을까?

이 질문과 딜레마를 지금 미리 다루어야 한다. 용을 다 만들고 나서가 아니라 지금 여기에서 말이다. 역사를 보더라도 과학에서 급진적인 변화가 일어난 후에는 윤리적인 문제를 따져보기에 이미 늦었다. 세상에 나온 지니를 다시 램프에 넣을 수가 없으니까.

인류에게 너무 위험한 일인가?

우리가 정말로 용을 만드는 데 성공해서 세상에 용이 한 마리 이상 존재한다고 가정하자. 그때 나타날 수 있는 위험에 대해 반드시 진지한 논의가 필요하다.

지금까지 이 책에서는 용을 만드는 것에 따르는 엄청난 위험을 누누이 이야기했다. 예를 들어 용의 '불꽃 지대' 안에 있다가 수많은 사람이 목숨을 잃거나 크게 다칠 수 있다. 약간 걱정되는 수준이 아니다. 생산 단계가 무사히 끝난다고 해도 우리 용이 미친 듯이 사람들을 죽이고 다니지 않으리라는 보장이 없다.

현실적으로 우리 용은 배고픔이나 본능 때문에, 혹은 재미로 수백 명을 죽음으로 몰아넣을 수 있다. 하지만 용의 움직임을 통제하려고 한다면(가능하지도 않겠지만) 용은 지각 있는 생명체가 아니라 꼭두각시로 전락해버린다. 게다가 우리가 만든 용이 지적으로나 정서적으로나 지능이 매우 뛰어나다면 그런 용을 끊임없이 제어하는 것은 옳지 않은 일이 될 것이다. 인간이 너무 가혹하게 대하면 용이 저항할 가능성이 크다.

반대로 용이 얌전하게 행동하고 행복해한다면? 하지만 용이 행복한지 우리가 어떻게 알까? 말을 할 수 있는 것이 아니라면 말이다. 용을 만들려는 인간의 의도는 여전히 이기적이다. 우리는 용이 그저 '구경거리'가 아니라 가족이라고 느끼기를 바라지만 인간의 노력이 없다면 불가능한 일이다.

모두가 깊이 생각해볼 필요가 있는 문제다. 과연 해결책은 있을까? 당연하지만 가능한 해결책이 없으므로 어쩌면 5장에서 말한 것처럼 '오프 스위치'를 설계하는 것이야말로 인간이 용으로부터 안전할 수 있는 가장 좋은 방법일 것이다.

용의 먹잇감이 아닌 친구나 가족

우리는 용이 인간을 먹이가 아닌 친구나 가족으로 보기를 원한다. 그 방법 중 하나는 용이 최대한 일찍부터 인간과 상호작용을 하는 것이다. 위험한 동물로 성장하기 전부터 긍정적으로 대해주는 인간들에게 둘러싸여 편안함을 느끼고 또 인간을 아끼는 법을 배워야 한다. 용이 일찍부터 바람직한 습관을 기르고 건강할 수 있도록 인간은 용의 식단과 상호작용, 주변 분위기를 계획해야 한다.

처음부터 그렇게 한다면 성장 후에는 지속적인 감시가 필요하지 않을지도 모른다. 물론 위험하지 않은 상황이라도 감시는 필요할 수 있다. 우리는 용이 가축화되지 않고 가족의 일원으로서 스스로 얌전하게 행동하기를 희망한다.

용을 만들고 싶은 사람은 용을 장난감으로 대하지 말고 가족의 일원으로 느끼도록 애정 가득한 관계를 가꾸어나가야 한다. 그래야 용이 여러분을 믿고 편안함을 느낄 수 있다. 또한 그래야 여러분을 죽이려 들지 않을 테고. 용을 위해 긍정적인 목표를 마련해준다면(인도적인 차원에서) 용 자신도 세상의 구경거리가 아니라 쓸모있는 존재라고 느낄 것이다.

애초에 용을 만드는 이유가 무엇일까? 1장에서는 가볍게 이야기했지만 윤리를 다루는 이 장에서는 더 진지하게 생각해볼 필요가 있다. 용을 만드는 것이 지적인 행동이고 윤리적인가? 아닐 수도 있다. 용이 유명인사가 된다거나 돈을 잔뜩 벌어다 주어 우리 삶의 질이 높아지리라고 생각하지는 않지만, 일단 용을 탄생시킨 후에는 생각보다 용을 마음대로 통제할 수 없을지도 모른다.

용에게 좋은 일인가?

어떤 사람은 인간의 생식이 일종의 실험이고 아이는 그 실험의 결과물이라고 생각한다. 이런 사고방식이라면 아이는 물론이고 모든 인간과 동물은 우리가 실험으로 생물체를 만드는 것에 아무런 발언권이 없다. 부모의 유전체를 결합해 어떤 결과물이 나올지 어떻게 아는가? 부모의 결정, 특히 임산부의 결정도 태어날 아이에게 큰 영향을 끼친다. 임신 기간에 술이나 약물을 복용하는 극단적인 경우 말고도 생식에는 비윤리적인 위험이 너무도 많이 따를 수 있다.

서로 다른 식물과 동물을 교배해 새로운 품종을 만드는 것도 비윤리적이다. 유전자변형생물체GMO가 더 큰 논란의 대상이지만 일부 국가에서는 널리 수용되었다. 물론 그런 생물체는 아무런 의견도 표현할 수 없지만 말이다.

같은 관점으로 볼 때 용을 탄생시키는 것 자체는 비윤리적인 일이 아니라고 생각한다. 하지만 그것이 좋은 일인지 용에게 직접 물어보는 것이 중요하다. 용에게는 어떤 위험이 따를까? 또 어떤 혜택이 주어질까?

기형 위험

용을 만드는 실험이 실패한다면 기형이 태어날 위험이 있다. 용과 비슷하지만 죽음에 이르는 생물체가 나올 수도 있다.

처음에는 기형이 나올 수 있다는 것을 알면서 시도하는 것은 과연 윤리적일까? 확실히 말하기는 어렵지만 우리는 위험을 줄이고 위험이 발생한다면 재발하지 않도록 최선을 다할 것이다. 그런 위험을 줄이는 방법의 하나는 태어나기 전의 발달 과정을 꼼꼼하게 감시하는 것이다. 예를 들어 초음파를 사용할 수 있다. 발달상의 심각한 문제가 있으면 임신 상태를 끝내야 할지도 모른다. 생물체가 태어나서야 문제가 발견되었다면 안락사가 가장 인도적인 방법이다.

하지만 불완전한 생물체라도 많은 것을 배울 수 있다. 실수에서 배움을 얻어 앞으로 나아가는 것이 중요하다. 그래야 나중에 불완전한 동물이 만들어지는 횟수도 줄어들 것이다.

현실적으로 첫 번째 시도에서 성공할 가능성은 얼마나 될까? 거의 '제로'에 가깝다. 따라서 다음과 같이 자문해야 한다.

문제가 있는 용을 태어나기 전에 죽여야 할까, 아니면 고통을 겪거나 얼마 살지 못하더라도 연구 목적으로 태어나게 두어야 할까? 두 선택지 모두 끔찍하고 비윤리적이다.

솔직히 용을 꼭 만들어야 할 필요가 있는 것도 아니다. 인류에게 아무런 도움도 되지 않는 허영심만 충족하는 프로젝트일 수도 있다. 그렇게 본다면 다른 사람이나 연구에 사용되는 동물에도 전혀 유익하지 않은 연구를 위해 기형이나 죽는 용이 나온다는 것은 윤리적이지 못하다.

용이 아프거나 일찍 죽으면?

용이 태어날 때는 멀쩡하고 '유아기'도 다 거쳤지만 결국 오래 살지 못하고 죽는다면? 오래는 살지만 자주 아프거나 만성적인 질환이 있다면 어떡할까?

당연히 우리는 용이 건강하기를 바란다. 여러 기술을 통해 실험을 진행하는 과정에서 건강하지 못한 용이 태어날 가능성이 크다. 예를 들어 불을 뿜거나 하늘을 나는 능력을 부여하느라 면역계가 약해져서 감염이 일어날 수도 있다.

용의 건강과 수명은 절대로 보장되지 않을 것이다. 면역계뿐만 아니라 모든 측면에서 수많은 시행착오가 필요하다. 용의 심장이 어떻게 움직이는가? 특히 불을 뿜어낸 후에 폐, 목, 코가 제대로 기능하는가? 위장이 가연성 가스를 감당할 수 있는가? 몸이 비행에 적합한가?

이처럼 불확실한 부분이 너무 많으므로 용을 많이 만들어 경험을 통해 접근법을 '조율'해야만 한다. 용의 생물학적인 특징과 건강에 관한 데이터도 많이 수집해야 한다. 과연 학술지들이 그 데이터를 실어줄까? 용의 연구에 관한 윤리 문제를 제기하지 않을까? 그럴 가능성이 크고 이 또한 문제가 된다. 하지만 사람들의 피드백을 얻어 연구를 개선하고 윤리성도 높일 수 있다.

용이 우울증에 걸리면?

용이 너무도 불행한 나머지 우울증이나 불안에 시달리면 어떻게 해야 할까?

솔직히 그럴 가능성이 크다. 누군가 용을 훔쳐 가 동물원에 전시한다면 용은 절대로 행복할 수 없다. CIA 같은 정부기관이나 세계의 군대가 용을 훔쳐 갈지도 모른다. 분명히 용을 무기로 사용하려고 할 텐데, 그러면 용이 행복할 리 없다. 하지만 납치되지 않더라도 용에게 나쁜 일은 얼마든지 일어날 것이다. 우리의 삶이 그러하듯 말이다. 그러면 용에게 상담 치료를 받게 하거나 약을 먹여야 할까? 용이 불행한 상태로 오래 사는 것은 비윤리적인가?

부모는 자녀가 얼마나 오래 살지, 행복할지를 장담할 수 없다. 그런 것은 우연이나 개인의 선택에 좌우되기도 한다. 하지만 용의 경우는 사정이 다르다. 우리가 존재하지도 않았던 것을 굳이 만들었고 유전자나 환경 등 생활의 질에 커다란 영향을 끼치는 것들을 결정했으니 말이다.

게다가 용을 여러 마리 만들면 어떻게 될까? 억만장자나 외국에 용을 팔려고 할까? 역시나 누군가 훔쳐 갈 수도 있다. 납치된 용에게는 어떤 생활이 기다리고 있을까? 정부나 악당들이 군대 같은 비윤리적인 일에 이용할지도 모른다. 용은 물론 많은 사람이 다치거나 목숨을 잃을 수 있다.

용에게 이익은 없을까?

그렇다면 커다란 위험이 따르는 이 프로젝트가 용에게 주는 이익은 없을까?

가장 기본적으로 용은 세상에 태어나 삶을 누리게 된다. 생식 능력이 있으면 새끼를 낳아 용이라는 종의 창시자가 될 수 있다. 용이 똑똑하고 크게 불행하지도 않다면 삶을 즐기고 의미를 찾으려고 할지도 모른다. 인간 사회에 스며들면서도 고유의 정체성과 자리를 갖게되면 가장 좋을 것이다. 공격당할 일도 억지로 전쟁에 나갈 일도 없다.

이렇게 용의 '행복회로'가 가동할 가능성은 얼마나 될까? 프로젝트가 시작되기 전에는 전혀 가늠할 수 없다.

세상에 이로운 점은?

이 질문도 해봐야 한다. '용을 만드는 것이 세상에 이로운가?' 용은 충분히 세상에 긍정적인 영향을 끼칠 수 있다. 이를테면 새로운 세대에게 과학자의 꿈을 심어줄 수 있다.

더 현실적인 측면에서 보자면 용이 의약품을 실어나르는 것처럼 사람을 도울 수도 있다. 물론 '비행기가 하면 되지 않나?' 라는 생각이 들 것이다. 하지만 용은 재생 가능한 자원이라고 생각하면 된다.

이런 식으로 용의 생산을 정당화할 수 있을까? 그럴지도 모른다. 하지만 현실적으로는 사람을 돕기 위해 태어난 평화주의자 용은 모순처럼 들린다. 용의 '반란'이 불가피하지는 않을까? 가능성이 아예 없지는 않다.

코모도의 멸종 위기가 심해지지 않을까?

모든 동물 실험에는 윤리 문제가 따른다. 하지만 더 깊이 고려해야 하는 동물이 있다. 예를 들어 앞서 언급한 코모도는 멸종 위기에 처한 동물이다. 남은 개체 수가 많지 않다. 멸종 위기에 처한 코모도를 용 만드는 실험에 사용하는 것이 과연 윤리적으로 옳을까? 윤리적이라고 할 수 없다. 하지만 동물원이나 개인 소유(코모도를 애완동물로 키우는 사람이 과연 있을까?)만 사용한다면 어떨까? 후자의 방법이 더 나을 듯하다.

진짜 코모도 대신 코모도의 생식세포를 이용하는 방법도 있다. 다른 신체 부위의 세포를 안전하게 채취해서 사용해도 될 것이다. 예를 들어 작은 피부조직 표본에서 얻은 세포로 불멸의 줄기세포인 IPS세포를 만들 수 있다(6장 참고). IPS세포로 정자와 난자를 포함해 어떤 세포든지 만들 수 있다. IPS세포로 만든 정자와 난자로 수정란을 만드는 데 성공했다고 해보자. 그렇다면 코모도의 배아를 품어줄 대리모가 필요하다.

그렇지 않아도 멸종 위기에 처한 코모도 암컷을 수컷과 자연스럽게 교배시키지 않고 이런 목적으로 이용하는 것은 윤리적일까? 비윤리적이라면 코모도 암컷을 대리모로 쓰지 말아야 한다. 그러면 어떻게 해야 할까? 악어를 대신 사용해야 할까? 대리모 없이 특별한 부화기에서 코모도의 수정란을 키우는 기술을 발명해야 할까? 윤리적으로 얼마나 복잡한 문제인지 짐작될 것이다.

야생 코모도 보호 프로그램에 수백만 달러를 기부하고(개체 수가 많이 늘어나도록) 그 대가로 용 만들기에 코모도 몇 마리를 직접 혹은 세포를 이용한다면 어떨까?

다행히 우리가 용을 만드는 시작 동물로 고려하는 후보들은 (다양한 새와 날도마뱀) 멸종 위기에 놓이지 않았다. 하지만 동물과 그들의 세포를 이용하는 문제에서 최대한 윤리적 기준을 지켜야 한다.

윤리 문제에 관한 지침을 제공해주는 자문회가 있으면 좋겠다. 생명윤리 전문가들로 이루어진 자문회는 우리의 계획과 실험에 조언을 해줄 것이다. 너무 위험한 계획은 취소하라고 조언해줄 수도 있다.

용이 우리보다 오래 살면 어떡할까?

용이 전설에 나오는 것처럼 수명이 몇백 년이고, 우리보다 훨씬 더 오래 살면 어떻게 해야 할까? 용을 긍정적으로 이끌어줄 창조자가 사라지는 것이다. 우리가 죽은 후에 용이 인간들에게 위험한 행동을 할지도 모른다. 우리의 통제권에서 벗어난 용이 마구 소동을 부릴 수도 있다. 용을 만든 사람이 옆에 있지 않은 것도 비윤리적이라고 할 수 있다. 자신이 만든 위험천만한 동물을 책임지고 보살피거나 돕지 않은 셈이니 말이다.

우리가 죽은 후에 용이 큰 고통을 겪거나 불안이나 우울증을 겪을 수도 있다. 하지만 인간도 일반적으로 부모가 자녀보다 먼저 세상을 떠난다. 자녀는 부모가 떠난 후에도 살아가야 한다. 우리가 죽은 이후를 대비해 용이 제대로 된 보살핌을 받고 경제적·정서적 지원도 받는 방법을 마련해놓는 것도 좋겠다.

용을 만드는 과정에는 많은 윤리적 딜레마가 생길 수 있다. 용을 만드는 과정부터가 윤리적으로 모호하다. 하지만 용이 태어난 후에, 그리고 우리가 먼저 죽은 후에 생기는 문제가 더 많다.

윤리와 정부 규제

정부기관은 연구를 감독하는 중요한 역할을 한다. 특히 유전자를 변형한 곡류와 동물을 만드는 연구는 더욱더 그렇다. 미국에서는 FDA가 대중의 건강을 지키기 위해 식품과 약물, 치료법을 규제하는 일을 담당한다. 식품과 약품에 관한 법과 규제를 감독하고 시행한다.

관련 규제가 있을 지는 모르겠지만 용을 만드는 과정에서도 FDA의 규제를 따르는 것이 중요할 것이다. 하지만 정부기관은 새로운 유기체를 만드는 실험을 규제하지 못할 때도 있다. 예를 들어 5장에서 언급한 유전자를 변형한 형광 물고기인 글로피시(그림 5.5 참조)의 생산을 규제하는 기관이 아직 없다. 왜 그럴까?

행크 그릴리와 알타 차로는 논문을 통해 글로피시가 규제의 틈새를 어떻게 피해가는지 설명한다.[1] 이상한 일이지만 미국의 환경보호청과 농무부, 어류 및 야생동물관리국은 모두 이 신종 물고기에 대한 사법권이 없다고 밝혔다. FDA는 글로피시를 자체적인 안정성과 환경에의 영향을 시험한 후 승인하는 '신종 동물 약품'으로 규정할 수도 있었지만 검토를 거부했다. 기본적으로 FDA는 글로피시가 식품으로 사용되지 않으므로 위험이 없고 환경에도 해롭지 않다고 판단한 것이다.

그렇다면 여러 정부기관에서는 용 만들기 프로젝트를 어떻게 생각할까? 또 용을 어떻게 볼까? 용이 FDA의 규제를 받는 '상품'(식품이나 약품은 아니지만)이라고 할 수 있을까? 다른 규제기관에서는 용을 규제하려고 할까? 그렇다면 어떤 일이 생길까?

유럽환경청*이나 중국의 생태환경국 같은 수많은 해외기관도 있다.** 용은 분명히 국경을 넘어 세계의 국가에서도 관심사가 될 것이다. 용에 관련된 법규가 없어도 불만스럽게 생각하는 정부기관들이 있을 것이다.

신념을 잃지 않고 연구 자금을 구하려면 어떡할까? 연구 프로젝트는 아무리 간단해도 항상 예상보다 돈이 많이 든다. 용 만들기 프로젝트는 간단하지도 않다. 정확히 얼마가 들지는 알 수 없지만 용을 만들려면 1000만 달러 가까운 돈이 필요할 것이다. 적어도 시작하는 데 100만 달러 정도는 필요하다.

나중에 용을 빼앗아가서 나쁜 목적으로 이용할 투자자나 정부에 휘둘리지 않고 연구 자금을 마련하는 방법이 있을까? 운이 좋으면 세상을 도우려는 개인이나 기업 투자자를 만날 수 있다. 그런 투자자라면 평화를 사랑하는 선량한 시민이 될 용을 만들어달라고 할 것이다. 윤리적인 문제를 고려할 때 좋은 일이다. 하지만 용의 행동을 결정하는 것은 거의 불가능하다. 미국의 국립보건원이나 국립과학재단(또는 비슷한 해외 기관들)

---

*   https://www.eea.europa.eu/
**   http://english.mee.gov.cn/

같은 정부의 자금 지원 기관이 용 만들기 프로젝트를 지원해주리라고 보기는 어렵다. 미국 국방성 산하 연구기관인 고등연구계획국DARPA은 용을 무기로 쓰려고 지원해줄지도 모른다. 하지만 우리가 원하는 바가 아니다.

주식회사를 세워 주식을 팔아 용 만들기 프로젝트에 필요한 자금을 모으는 방법도 있다. 하지만 회사(사명은 드래곤 X가 어떨까)의 주주들이 연구에 간섭하고 윤리 자문회도 없애버릴지 모른다. 이익을 위해 용을 팔라고 할 수도 있다.

하지만 처음부터 돈이 부족하고 용을 만들다가 많은 빚까지 지게 된다면 어쩔 수 없이 용을 팔아야 할 것이다. 서커스처럼 용을 데리고 순회공연을 다니면서 돈을 버는 것도 안 된다. 용 삶의 질이 크게 떨어진다. 전시회처럼 책임감 있고 즐겁고 교육적인 순회공연이라면 용도 즐겁고 우리도 돈을 벌 수 있지 않을까?

이처럼 돈과 관련된 문제는 매우 복잡하므로 자세한 계획이 필요하다.

용을 만드는 사람이 나올까?

우리가 학술지에 모든 과정을 공개하든지(아니면 인터넷에) 투명한 과정을 거쳐 용을 만든다면 우리의 전철을 밟은 사람이 생겨나지 않을까? 적어도 시도해볼 사람은 나올지 모른다. 그러면 마치 판도라의 상자가 열린 것처럼 용뿐만 아니라 유니콘 같은 새로운 동물까지 다양하게 만들어지지 않을까? 무척 복잡하면서도 흥미로운 상황이 될 것이다.

어떻게 보면 원자폭탄이 처음 만들어지는 것과 비슷하다. 역사적으로 보듯 원자폭탄은 처음에 '비밀리에' 만들어졌지만 정보가 새어 나가자 덩달아 만드는 이들이 생겨났다. 오늘날 세계의 핵무기 생산 기술은 인간의 지혜를 보여주는 본보기가 아니다.

7장에서 살펴본 것처럼 우리는 신화 속의 반인반수를 만드는 것이 '잘못된' 일이라고 생각하지만 아랑곳하지 않고 도전할 사람들이 나올 수도 있다.

그뿐만 아니라 우리가 용이나 유니콘처럼 신화에 나오는 동물을 만들 수 있다면 분명히 다른 사람들도 가능할 것이다. 책을 쓰지 않았을 뿐 이미 용을 만드는 방법을 생각해본 사람들이 있을지도 모른다. 이미 크리스퍼 유전자 편집을 개인이 직접 할 수 있는 세상이다. 크리스퍼 유전자 편집으로 만든 신종 동물이 세상에 나오기 시작할지도 모른다.

중국의 과학자 허젠쿠이는 최초의 '유전자 편집 아기'를 만들었다고 주장했다. 그는 다양한 인간의 태아에 크리스퍼 유전자 편집을 적용해(별도로 확인된 사실은 아니다) HIV에 취약하게 만드는 유전자(CCR5)가 제거된 여자 쌍둥이가 탄생했다고 말했다.

하지만 그의 연구는 방향도 잘못되었고 제대로 계획된 것도 아니다. 게다가 비윤리적이다. HIV 전염을 예방하는 안전하고 효과적인 방법이 이미 있는 데다 유전자 편집의 무작위성으로 볼 때 허젠쿠이가 만든 쌍둥이는 HIV 내성이 없을 수도 있다. 다른 건강 문제가 생길 수 있다. 허젠쿠이는 중국 당국의 조사를 받고 있으며 큰 처벌을 받을지도 모른다. 연구 자격이 박탈되거나 감옥에 갈 수도 있다.

크리스퍼가 강력한 규제를 받는 연구실에서만 사용될 수 있다고 생각하는가? 현실은 그렇지 않다. 이미 온라인에서 '크리스퍼 키트'를 주문해 DIY로 유전자를 편집한 유기체를 만들 수 있다.* 현재는 미생물에게만 사용할 수 있지만 가까운 미래에 더 복잡한 동물의 유전자도 편집하도록 확대될지도 모른다. 더욱더 파격적인 유전자 편집 키트가 곧 나올 것이다.

기술의 발달로 새로운 생명체 생산이라는 판도라의 상자가 이미 열렸을 수도 있다. 그렇다면 이 책은 경고의 메시지기도 하다. 용을 만드는 사람은 없지만(우리가 아는 한 아직은) 온갖 새로운 유기체를 만들거나 유전자를 편집하려는 사람들은 많다.

지금까지 용 만들기 프로젝트에 따르는 수많은 윤리적 문제를 살펴보았다. 하지만 이 책의 목적은 진짜로 용을 만들려는 것도, 만들려는 사람들을 도와주려는 것도 아니다. 여러분과

---

* https://www.scientificamerican.com/article/mail-order-crispr-kits-allow-absolutely-anyone-to-hack-dna/

함께 새로운 과학 분야를 살펴보며 지나치게 과장하는 과학을
풍자하고 전 세계의 사람들이 생명윤리를 지키면서 과학에 상
상력을 마음껏 발휘하게 해주는 것이 목적이다. 이 책이 그 목
적을 조금이라도 이뤘다면 그것으로도 충분하다.

갈색지방Brown fat 일반적인 '백색 지방'과 달리 드문 유형의 지방. 몸에 열을 발생시킬 수 있으며, 어른보다 아기들에게 흔하다. 어른은 갈색 지방이 없을 수도 있다.

결합 쌍둥이 Conjoined twins 몸 일부분이 붙어있고 일부 장기를 공유하는 쌍둥이. 태아 초기의 발달 단계에 생긴 문제로 발생한다.

날도마뱀Draco lizard 피부 조직(비막) 덕분에 날다람쥐처럼 나무 사이를 활공하는 조그만 도마뱀.

멜라노사이트Melanocytes 멜라닌을 만드는 세포.

멜라닌Melanin 인간과 여러 동물의 피부와 털 같은 조직의 색깔을 결정하는 주요 색소. 알비노는 멜라닌이 없다.

모래주머니Gizzard 일부 동물의 위장에서 나타나는 특별한 구조. 특히 새 등에서 나타나는데 공룡도 모래주머니가 있었을 가능성이 크다. 음식물을 분쇄하는 데 주로 사용된다. 모래주머니에 든 위석이 음식물의 분쇄를 도와준다.

무성생식Parthenogenesis 정자에 의한 수정 없이 새로운 개체가 자라는 현상. 수정되지 않은 난자가 분열을 시작할 때 일어난다. 일부 종은 무성생식의 사례가 있지만, 인간은 보고된 사례가 없다.

미생물 군집 Microbiome 인간이나 다른 동물의 위장 같은 커다란 유기체 안에 자리하는 박테리아 같은 미생물 집단 혹은 그런 미생물의 유전체.

반추위Rumen 소를 비롯한 동물의 소화가 시작되는 첫 번째 위장.

배아줄기세포Embryonic stem cells, ESC 체외수정으로 임신에 성공한 후 남은 냉동 수정란에서 나오는 세포. 'ES세포'라고도 하며, 몸의 어떤 세포도 만들 수 있다. 다른 동물의 배아줄기세포를 만드는 것은 아직 성공하지 않았지만 이론적으로 여러 동물도 ES세포의 생산이 가능하다.

복제Cloning 동물의 성체에서 채취한 동물로 똑같은 유기체를 만드는 과정. 지금까지 개구리, 가축, 그리고 쥐 같은 실험동물의 복제가 성공했다. 우리가 알기로 인간의 복제는 이루어지지 않았다. 핵이 든 다른 개체의 배아줄기세포를 만드는 것도 '복제'라고 한다.

비막Patagium 손가락 사이, 때로는 팔이나 다리, 몸 사이에 붙어있는 커다란 막으로 비행을 돕는다.

소뇌Cerebellum 뇌의 뒤쪽 부분. 손-눈의 협응과 올바른 움직임에 중요하다. 글자 그대로 '작은 뇌'라는 뜻이다.

소두증Microcephaly 뇌가 정상적으로 자라지 않아 너무 작은 기형. 꼭 그런 것은 아니지만 대부분 지능 손상이 함께 나타난다. 임산부가 모기에 물려 지카 바이러스에 감염되거나 유전적 변이 등으로 발생한다.

순막Nictitating membrane 일부 동물에게서 나타나는 여분의 투명한 눈꺼풀. 눈을 보호해준다.

시조새Archaeopteryx 날개가 달리고 새처럼 생긴 공룡. 날개 없는 공룡과 오늘날의 새를 연결하는 진화의 연결고리라는 주장도 있다.

안광Eyeshine '휘막'이라는 특이한 눈의 구조 때문에 밤중에 직접적으로 빛을 받으면 눈이 빛나는 현상. 안광이 있는 동물은 시력이 월등히 좋다.

오가노이드Organoids 실험실에서 줄기세포로 만들 수 있는 소형의 장기. 인간의 줄기세포로 작은 뇌 오가노이드를 만들 수 있다.

유도만능줄기세포Induced pluripotent stem cellsm, IPSC 'iPS세포'라고 불리며 다른 세포를 만들 수 있다는 점에서 배아줄기세포와 같지만, 배아에서 만들어지는 것은 아니다. 리프로그래밍을 통해 평범한 비줄기세포로 만들어진다.

위석Gastroliths 동물이 소화를 돕기 위해 삼키는 작은 돌.

윈트 유전자 Wnt genes 날개 달린 동물의 날개 성장과 발달에 관여하는 유전자. 인간을 포함해 날개가 없는 동물의 경우에는 조직 발달에서 다른 역할을 수행한다.

전기발생세포Electrocytes 전기뱀장어처럼 전기를 만드는 동물의 발전기관에 있는 세포. 그렇게 만든 전기로 먹잇감에 충격을 가하거나 주변 환경을 감지한다.

재생Regeneration 동물의 신체 부위나 조직이 새로 자라는 현상.

줄기세포Stem cells 세포 분열로 똑같은 세포를 만들거나 분화를 통해 뉴런, 근육 등 다른 유형의 세포로도 바뀔 수 있는 비교적 드문 세포.

체외수정In vitro fertilization, IVF 체외에서 난자와 정자를 수정해 배아를 만드는 방법. 인간의 경우 배아를 대리모에 이식해 아기를 낳을 수 있다.

케나티노사이트Keratinocytes 케라틴이 풍부한 피부와 기타 세포.

케라틴Keratin 피부에 들어 있는 주요 구조적 단백질(모발, 손톱, 깃털, 비늘 등도 포함). 특별한 세포에서는 조직의 성장과 기능에 관여한다.

케찰코아틀루스Quetzalcoatlus 멸종한 프테라노돈. 하늘을 나는 생명체 가운데 가장 컸던 것으로 생각된다.

코모도왕도마뱀Komodo dragon 인도네시아에 서식하는 매우 크고 때로는 위험한 도마뱀. '코모도'라고도 한다.

크리스퍼 유전자 편집CRISPR gene-editing 세포나 유기체의 유전자를 바꾸는 데 사용되는 시스템. 현재 주로 사용되는 크리스퍼 카스9(CRISPR-Cas9) 시스템은 이 방식 중 하나다.

키메라Chimera 둘 이상의 동물을 합쳐서 만든 동물. 예외가 있지만 키메라는 신화 속의 동물이다. 이론상으로 동물은 전적으로 자신의 세포로만 이루어지지만 다른 종의 유전자를 주입하면 '유전적 키메라'라고 한다.

폭탄먼지벌레Bombardier beetle 방어 기제로 엉덩이에서 뜨거운 화학물질을 발사해 적에게 화상을 입히는 독특한 곤충.

프테라노돈Pteranodon 하늘을 나는 커다란 익룡과 동물.

하체고프테릭스Hatzegopteryx 친척 관계의 케찰코아틀루스보다는 약간 작지만 매우 커다란 프테라노돈.

합지증Syndactyly 사람의 손가락이나 발가락이 물갈퀴처럼 붙어있는 것.

1장 누구나 한번쯤은 애완'용'을 꿈꾼다

1 Pickrell, J., Huge haul of rare pterosaur eggs excites palaeontologists. *Nature* 2017. 552(7683): pp. 14–15.

2 Borek, H.A. and N.P. Charlton, How not to train your dragon: a case of a Komodo dragon bite. *Wilderness Environ Med* 2015. 26(2): pp. 196–199.

3 Zimmer, C., *The Tangled Bank : An Introduction to Evolution.* Second edition. ed. 2014, Greenwood Village, Colorado: Roberts and Company.

4 Charo, R.A. and H.T. Greely, CRISPR Critters and CRISPR Cracks. *Am J Bioeth* 2015. 15(12): pp. 11–17.

2장 빛…은 됐고 날개나 있으라

1 Dumont, E.R., Bone density and the lightweight skeletons of birds. *Proc Biol Sci* 2010. 277(1691): 2193–2198.

2 Vargas, A.O., *et al.*, The evolution of HoxD-11 expression in the bird wing: insights from Alligator mississippiensis. *PLoS One* 2008. 3(10): e3325.9.

3 Barrowclough, G.F., *et al.*, How Many Kinds of Birds Are There and Why Does It Matter? *PLoS One* 2016. 11(11): e0166307.

4 Yu, M., *et al.*, The biology of feather follicles. *Int J Dev Biol* 2004. 48(2-3): 181–191.

5 Zimmer, C., *The Tangled Bank : An Introduction to Evolution.* Second edition. ed. 2014,

Greenwood Village, Colorado: Roberts and Company.

6 Voeten, D., *et al.*, Wing bone geometry reveals active flight in Archaeopteryx. *Nat Commun* 2018. 9(1): 923.

7 Wu, P., *et al.*, Multiple regulatory modules are required for scale-to-feather conversion. *Mol Biol Evol* 2018. 35(2): 417–430.

8 Tokita, M., How the pterosaur got its wings. *Biol Rev Camb Philos Soc* 2015. 90(4): 1163–1178.

9 Asara, J.M., *et al.*, Protein sequences from mastodon and Tyrannosaurus rex revealed by mass spectrometry. *Science* 2007. 316(5822): 280–285.

10 Morell, V., Difficulties with dinosaur DNA. *Science* 1993. 261(5118): 161.

11 Yang, Y., Wnts and wing: Wnt signaling in vertebrate limb development and musculo-skeletal morphogenesis. *Birth Defects Res C Embryo Today* 2003. 69(4): 305–317.

3장 불타오르네! 우리집이···?

1 Videvall, E., *et al.*, Measuring the gut microbiome in birds: Comparison of faecal and cloacal sampling. *Mol Ecol Resour* 2018. 18(3): 424–434.

2 Pimentel, M., R. Mathur, and C. Chang, Gas and the microbiome. *Curr Gastroenterol Rep* 2013. 15(12): 356.

3 Hafez, E.M., *et al.*, Auto-brewery syndrome: Ethanol pseudo-toxicity in diabetic and hepatic patients. *Hum Exp Toxicol* 2017. 36(5): 445–450.

4 Heuton, M., *et al.*, Paradoxical anaerobism in desert pupfish. *J Exp Biol* 2015. 218(Pt 23): 3739–3745.

5 Markham, M.R., Electrocyte physiology: 50 years later. *J Exp Biol* 2013. 216(Pt 13): 2451–2458.

6 Aneshansley, D.J., *et al.*, Biochemistry at 100°C: Explosive secretory discharge of Bombardier beetles (Brachinus). *Science* 1969. 165(3888): 61–63.

7 Eisner, T. and D.J. Aneshansley, Spray aiming in the Bombardier beetle: photographic evidence. *Proc Natl Acad Sci USA* 1999. 96(17): 9705–9709.

8 Seale, P. and M.A. Lazar, Brown fat in humans: turning up the heat on obesity. *Diabetes* 2009. 58(7): 1482–1484.

9   deBruyn, R.A., *et al.*, Thermogenesis-triggered seed dispersal in dwarf mistletoe. *Nat Commun* 2015. 6: 6262.

10   Barthlott, W., *et al.*, A torch in the rain forest: thermogenesis of the Titan arum (*Amorphophallus titanum*). *Plant Biol* (Stuttg) 2009. 11(4): 499–505.

4장 내 머릿속은 용의 뇌뿐이야

1   Hazlett, H.C., *et al.*, Early brain overgrowth in autism associated with an increase in cortical surface area before age 2 years. *Arch Gen Psychiatry* 2011. 68(5): 467–476.

2   Yu, F., *et al.*, A new case of complete primary cerebellar agenesis: clinical and imaging findings in a living patient. *Brain* 2015. 138(Pt 6): e353.

3   Wey, A. and P.S. Knoepfler, c-myc and N-myc promote active stem cell metabolism and cycling as architects of the developing brain. *Oncotarget* 2010. 1(2): 120–130.

4   Olkowicz, S., *et al.*, Birds have primate-like numbers of neurons in the forebrain. *Proc Natl Acad Sci USA* 2016. 113(26): 7255–7260.

5   Han, X., *et al.*, Forebrain engraftment by human glial progenitor cells enhances synaptic plasticity and learning in adult mice. *Cell Stem Cell* 2013. 12(3): 342–353.

6   Marino, L., *et al.*, Cetaceans have complex brains for complex cognition. *PLoS Biol* 2007. 5(5): e139.

7   Knoepfler, P.S., P.F. Cheng, and R.N. Eisenman, N-myc is essential during neurogenesis for the rapid expansion of progenitor cell populations and the inhibition of neuronal differentiation. *Genes Dev* 2002. 16(20): 2699–2712.

5장 레벨업! 머리부터 꼬리까지!

1   Levin, M., *et al.*, Laterality defects in conjoined twins. *Nature* 1996. 384(6607): 321.

2   Bode, H.R., Head regeneration in Hydra. *Dev Dyn* 2003. 226(2): 225–236.

3   Shostak, S., Inhibitory gradients of head and foot regeneration in Hydra viridis. *Dev Biol* 1972. 28(4): 620–635.

4   Tomita, Y., *et al.*, Human oculocutaneous albinism caused by single base insertion in

the tyrosinase gene. *Biochem Biophys Res Commun* 1989. 164(3): 990–996.

5 Flanagan, N., *et al.,* Pleiotropic effects of the melanocortin 1 receptor (MC1R) gene on human pigmentation. *Hum Mol Genet* 2000. 9(17): 2531–2537.

6 Wu, P., *et al.,* Specialized stem cell niche enables repetitive renewal of alligator teeth. Proc *Natl Acad Sci USA* 2013. 110(22): E2009–E2018.

6장 섹스, 드래곤, 그리고 크리스퍼

1 Knoepfler, P., *GMO Sapiens : The Life-Changing Science of Designer Babies.* 2015, World Scientific Publishing, Singapore.

2 Curtis, N.R., Firefly encyclopedia of reptiles and amphibians. *Library Journal* 2003. 128(1): 88–88.

3 Li, Y., *et al.,* 3D printing human induced pluripotent stem cells with novel hydroxy-propyl chitin bioink: scalable expansion and uniform aggregation. *Biofabrication* 2018. 10(4): 044101.

4 Pascoal, J.F., *et al.,* Three-dimensional cell-based microarrays: printing pluripotent stem cells into 3D microenvironments. *Methods Mol Biol* 2018. 1771: 69–81.

5 Hockman, D., *et al.,* The role of early development in mammalian limb diversification: a descriptive comparison of early limb development between the Natal long-fingered bat (*Miniopterus natalensis*) and the mouse (*Mus musculus*). *Dev Dyn* 2009. 238(4): 965–979.

6 Nolte, M.J., *et al.,* Embryonic staging system for the Black Mastiff Bat, *Molossus rufus* (Molossidae), correlated with structure-function relationships in the adult. *Anat Rec* (*Hoboken*) 2009. 292(2): 155–168, spc 1.

7 Hockman, D., *et al.,* A second wave of Sonic hedgehog expression during the develop-ment of the bat limb. *Proc Natl Acad Sci USA* 2008. 105(44): 16982–16987.

8 Perez-Rivero, J.J., A.R. Lozada-Gallegos, and J.A. Herrera-Barragan, Surgical extraction of viable hen (*Gallus gallus domesticus*) follicles for in vitro fertilization. *J Avian Med Surg* 2018. 32(1): 13–18.

9 Li, B.C., *et al.,* The influencing factor of in vitro fertilization and embryonic transfer in

the domestic fowl (*Gallus domesticus*). *Reprod Domest Anim* 2013. 48(3): 368–372.

10 Nomura, T., *et al.*, Genetic manipulation of reptilian embryos: toward an understanding of cortical development and evolution. *Front Neurosci* 2015. 9: 45.

11 Bogliotti, Y.S., *et al.*, Efficient derivation of stable primed pluripotent embryonic stem cells from bovine blastocysts. *Proc Natl Acad Sci USA* 2018. 115(9): 2090–2095.

12 Tachibana, M., *et al.*, Human embryonic stem cells derived by somatic cell nuclear transfer. *Cell* 2013. 153(6): 1228–1238.

13 Chung, Y.G., *et al.*, Human somatic cell nuclear transfer using adult cells. *Cell Stem Cell* 2014. 14(6): 777–780.

14 Inoue, H., *et al.*, iPS cells: a game changer for future medicine. *EMBO J* 2014. 33(5): 409–417.

15 Knoepfler, P., *Stem Cells : An Insider's Guide*. 2013, World Scientific Publishing, Singapore.

16 Pain, B., *et al.*, Long-term *in vitro* culture and characterisation of avian embryonic stem cells with multiple morphogenetic potentialities. *Development* 1996. 122(8): 2339–2348.

17 Li, Z.K., *et al.*, Generation of bimaternal and bipaternal mice from hypomethylated haploid ESCs with imprinting region deletions. *Cell Stem Cell* 2018. 23(5): 665–676 e4.

18 Greely, H.T., *The End of Sex and the Future of Human Reproduction*. 2016, Cambridge, Massachusetts: Harvard University Press.

7장 용은 됐으니 다른 것도 만들어볼까

1 Charo, R.A. and H.T. Greely, CRISPR Critters and CRISPR Cracks. *Am J Bioeth* 2015. 15(12): 11–17.

8장 최·첨·단 드래곤 레시피의 윤리적 문제들

1 Charo, R.A. and H.T. Greely, CRISPR Critters and CRISPR Cracks. *Am J Bioeth* 2015. 15(12): 11–17.

HOW TO BUILD A DRAGON OR DIE TRYING

크리스퍼
드래곤 레시피

초판 1쇄 발행 2022년 5월 20일
초판 3쇄 발행 2022년 12월 1일

지은이 폴 뇌플러, 줄리 뇌플러
옮긴이 정지현

펴낸이 김현태
펴낸곳 책세상
등록 1975년 5월 21일 제2017-000226호
주소 서울시 마포구 잔다리로 62-1, 3층(04031)
전화 02-704-1251
팩스 02-719-1258
이메일 editor@chaeksesang.com
광고·제휴 문의 creator@chaeksesang.com
홈페이지 chaeksesang.com
페이스북 /chaeksesang **트위터** @chaeksesang
인스타그램 @chaeksesang **네이버포스트** bkworldpub

ISBN 979-11-5931-840-5 03470